Erneuerbare Energien in Deutschland 2025

Martin Kaltschmitt · Volker Lenz
(Hrsg.)

Erneuerbare Energien in Deutschland 2025

Stand und Perspektiven

2. Auflage

Springer Vieweg

Hrsg.
Univ.-Prof. Dr.-Ing. Martin Kaltschmitt
Technische Universität Hamburg (TUHH)
Hamburg, Deutschland

Prof. Dr.-Ing. Volker Lenz
DBFZ Deutsches Biomasseforschungszentrum
gemeinnützige GmbH
Leipzig, Deutschland

Universität Rostock
Rostock, Deutschland

ISBN 978-3-658-51752-6   ISBN 978-3-658-51753-3 (eBook)
https://doi.org/10.1007/978-3-658-51753-3

Die Deutsche Nationalbibliothek verzeichnet diese Publikation in der Deutschen Nationalbibliografie; detaillierte bibliografische Daten sind im Internet über https://portal.dnb.de abrufbar.

Planung/Lektorat: Daniel Froehlich
Springer Vieweg ist ein Imprint der eingetragenen Gesellschaft Springer Fachmedien Wiesbaden GmbH und ist ein Teil von Springer Nature.
Die Anschrift der Gesellschaft ist: Abraham-Lincoln-Str. 46, 65189 Wiesbaden, Germany

Wenn Sie dieses Produkt entsorgen, geben Sie das Papier bitte zum Recycling.

Vorwort

Die verstärkte Nutzbarmachung des erneuerbaren Energieangebots stand und steht nach wie vor an prominenter Stelle jeder EU-Kommission und sämtlicher Bundesregierungen der letzten Jahrzehnte. Das gilt sowohl im Hinblick auf eine Reduktion der Klimagasemissionen zur Einhaltung der Treibhausgas(THG)-Minderungszielvorgaben, die im Rahmen des Paris-Abkommens von der EU und auch von Deutschland zugesagt wurden, als auch zur Verbesserung der deutschen und europäischen Energieversorgungssicherheit. Insbesondere der letzte Punkt hat durch die kriegerischen Auseinandersetzungen in Osteuropa sowie die jüngsten Kriege im Nahen Osten und die dadurch verursachten Verwerfungen auf den internationalen Energiemärkten zunehmend an Bedeutung gewonnen – und dürfte vor dem Hintergrund der politischen Entwicklungen in den USA auch immer wichtiger werden.

Im Kontext dieses Gesamtzusammenhangs ist es das Ziel der Ausführungen der vorliegenden Buchpublikation, den Stand der Nutzung des erneuerbaren Energieangebots in Deutschland – speziell bezogen auf das Jahr 2025, das jedoch immer im Kontext der Entwicklungen der letzten 10 Jahre und der von der Politik angestoßenen und in den kommenden Jahren zum Tragen kommenden Entwicklungen zu sehen ist – zusammenzustellen. Außerdem wird ein Ausblick auf die sich abzeichnenden Entwicklungstendenzen der kommenden drei Jahre (d. h. bis zum Jahr 2028) gegeben. Dazu wird aber zuerst auf die energiewirtschaftliche Gesamtsituation in Deutschland eingegangen; die unser heutiges Energiesystem bestimmenden Determinanten, Zusammenhänge und Interdependenzen geben den Rahmen und den Kontext vor, innerhalb dessen die Entwicklungen im Bereich der weitergehenden Nutzung der erneuerbaren Energien zu sehen und zu bewerten sind. Außerdem reguliert die EU bzw. die deutsche Bundesregierung die Energiewirtschaft teilweise massiv; deshalb können die Entwicklungen im Bereich der erneuerbaren Energien nicht ohne vertiefte Einblicke in die Veränderungen im existierenden legalen Regelwerk auf EU- und Bundesebene adäquat bewertet werden.

Schwerpunkt dieser Publikation ist eine sich daran anschließende in sich konsistente Darstellung des aktuellen Standes der Nutzung der regenerativen Energien in Deutschland im Bereich der Stromerzeugung (einschließlich Kraft-Wärme-Kopplungs (KWK) Anlagen), auf dem Gebiet der Wärmebereitstellung und im Mobilitätssektor. Zusätzlich werden – jeweils für diese drei Sektoren – wichtige laufende und absehbare Entwicklungen aufgezeigt und präsentiert. Außerdem werden Fragen der Integration der erneuerbaren Energien in unser Energie- bzw. Wirtschaftssystem sowie die sie determinierenden Rahmenbedingungen kursorisch adressiert. Final werden die Beiträge der einzelnen Optionen zur Nutzung des erneuerbaren Energieangebots zusammengeführt und eine entsprechende Bilanz für das Energiesystem Deutschland erstellt.

Insgesamt wird dabei u. a. deutlich, dass auch im Jahr 2025 – auch wenn es sich bei einigen der im Folgenden ausgewiesenen Angaben noch zwingend um erste Schätzungen und damit keine statistisch abgesicherten Daten handelt, da diese zum Redaktionsschluss noch nicht veröffentlicht vorlagen – der Anteil der erneuerbaren Energien an der Deckung der Energienachfrage in Deutschland weiter zugenommen hat. Diese aus Klimaschutzüberlegungen und aus Sicht einer verbesserten Versorgungssicherheit bei einer potenziell störungsanfälligeren Versorgung insbesondere mit fossilen Energien positive Entwicklung ist aber im Hinblick auf die insgesamt angestrebten Klimagasminderungsziele nicht ausreichend; d. h., sollen die zugesagten und gesetzlich verankerten Treibhausgasreduktionen erreicht werden, muss Deutschland seine Minderungsanstrengungen deutlich verstärken und die Nutzung des erneuerbaren Energieangebots weiterhin massiv ausweiten. Politisch die Weichen erneut in Richtung fossiler Energie zu stellen ist in diesem Sinne – und insbesondere auch unter Versorgungssicherheitsaspekten – eher kontraproduktiv.

Die Herausgeber bedanken sich bei den Autoren der einzelnen Kapitel für die hervorragende Zusammenarbeit, die exzellente Kooperation und das hohe Engagement. Insbesondere haben wir Chris Drawer, Felix Mendler, und Eric Nitschke sehr zu danken, die sich um die Zusammenführung der einzelnen Kapitel und die Erstellung des Layouts verdient gemacht haben. Auch gilt unser großer Dank dem Verlag, der eine derartige jährlich fortzuschreibende Publikation in sein Verlagsprogramm aufgenommen hat.

Bei einer solchen Publikation, die viele aktuelle Daten aus sehr unterschiedlichen Quellen zusammenführt, lassen sich trotz aller Sorgfalt Fehler nicht zwingend vollständig vermeiden. Deshalb freuen sich die Autoren und die Herausgeber über konstruktive Anmerkungen, durch die potenzielle Fehler bei möglichen zukünftigen Auflagen vermieden werden können.

Hamburg / Leipzig, Ende März 2026   *im Namen aller Autorinnen und Autoren*
Martin Kaltschmitt und Volker Lenz

Inhaltsverzeichnis

4 Wärmebereitstellung aus erneuerbaren Energien 57
Sina Barthel, Jaqueline Daniel-Gromke, Velina Denysenko, Chris
Drawer, Laura Garcia Laverde, Volker Lenz, Lara Elif Mazlum, Felix
Mendler, Martin Kaltschmitt, Nadja Rensberg, Jana Schultz

5 Erneuerbare Energien im Verkehrsektor 73
Philipp Anstett, Stefan Bube, Kati Görsch, Martin Kaltschmitt, Volker
Lenz, Jörg Schröder, Michael Schulthoff, Steffen Voß

6 Zusammenfassung und Ausblick 87
Chris Drawer, Martin Kaltschmitt, Volker Lenz, Felix Mendler, Eric
Nitschke

A Stromerzeugung aus regenerativen Energien weltweit 95

B Regenerative Kraftstoffe weltweit 105

Autoren

Philipp Anstett, M.Sc.
Technische Universität Hamburg (TUHH),
Institut für Umwelttechnik und Energiewirtschaft (IUE), Hamburg

Sina Barthel, M.Sc.
DBFZ Deutsches Biomasseforschungszentrum gemeinnützige GmbH, Leipzig

Alina Bendlin, M.Sc.
Technische Universität Hamburg (TUHH),
Institut für Umwelttechnik und Energiewirtschaft (IUE), Hamburg

Luka Bornemann, M.Sc.
Technische Universität Hamburg (TUHH),
Institut für Umwelttechnik und Energiewirtschaft (IUE), Hamburg

Dr.-Ing. Stefan Bube
Deutsches Zentrum für Luft- und Raumfahrt e. V. (DLR),
Institut für Verbrennungstechnik, Leuna

Fabian Carels, M.Sc.
Technische Universität Hamburg (TUHH),
Institut für Umwelttechnik und Energiewirtschaft (IUE), Hamburg

Jaqueline Daniel-Gromke, Dipl. Umweltwissenschaftlerin
DBFZ Deutsches Biomasseforschungszentrum gemeinnützige GmbH, Leipzig

Velina Denysenko, M.Sc.
DBFZ Deutsches Biomasseforschungszentrum gemeinnützige GmbH, Leipzig

Chris Drawer, M.Sc.
Technische Universität Hamburg (TUHH),
Institut für Umwelttechnik und Energiewirtschaft (IUE), Hamburg

Laura Garcia Laverde, M.Sc
DBFZ Deutsches Biomasseforschungszentrum gemeinnützige GmbH, Leipzig

Dr.-Ing. Kati Görsch
DBFZ Deutsches Biomasseforschungszentrum gemeinnützige GmbH, Leipzig

Univ.-Prof. Dr.-Ing. Martin Kaltschmitt
Technische Universität Hamburg (TUHH),
Institut für Umwelttechnik und Energiewirtschaft (IUE), Hamburg

David Kretzschmar, M.Sc.
Technische Universität Hamburg (TUHH),
Institut für Umwelttechnik und Energiewirtschaft (IUE), Hamburg

Freya Krieg, M.Sc.
Technische Universität Hamburg (TUHH),
Institut für Umwelttechnik und Energiewirtschaft (IUE), Hamburg

Prof. Dr.-Ing. Volker Lenz
DBFZ Deutsches Biomasseforschungszentrum gemeinnützige GmbH, Leipzig

Prof. Dr. Martin Maslaton, RA
MASLATON Rechtsanwaltsgesellschaft mbH, Leipzig

Lara Elif Mazlum, M.Sc.
DBFZ Deutsches Biomasseforschungszentrum gemeinnützige GmbH, Leipzig

Felix Mendler, M.Sc.
Technische Universität Hamburg (TUHH),
Institut für Umwelttechnik und Energiewirtschaft (IUE), Hamburg

Eric Nitschke, M.Sc.
Technische Universität Hamburg (TUHH),
Institut für Umwelttechnik und Energiewirtschaft (IUE), Hamburg

Tobias Prieß, M.Sc.
Technische Universität Hamburg (TUHH),
Institut für Umwelttechnik und Energiewirtschaft (IUE), Hamburg

Nadja Rensberg, M.Sc.
DBFZ Deutsches Biomasseforschungszentrum gemeinnützige GmbH, Leipzig

Dr. Marvin Scherzinger
Technische Universität Hamburg (TUHH),
Institut für Umwelttechnik und Energiewirtschaft (IUE), Hamburg

Jörg Schröder, Dipl.-Ing.
DBFZ Deutsches Biomasseforschungszentrum gemeinnützige GmbH, Leipzig

Michael Schulthoff, M.Sc.
Technische Universität Hamburg (TUHH),
Institut für Umwelttechnik und Energiewirtschaft (IUE), Hamburg

Lena Schultheiß, M.Sc.
Technische Universität Hamburg (TUHH),
Institut für Umwelttechnik und Energiewirtschaft (IUE), Hamburg

Jana Schultz, M.Sc.
Technische Universität Hamburg (TUHH),
Institut für Umwelttechnik und Energiewirtschaft (IUE), Hamburg

Ingolf Sonntag, RA
MASLATON Rechtsanwaltsgesellschaft mbH, Leipzig

Klaus-Peter Sticht, M.Sc.
Technische Universität Hamburg (TUHH),
Institut für Umwelttechnik und Energiewirtschaft (IUE), Hamburg

Steffen Voß, M.Sc.
Deutsches Zentrum für Luft- und Raumfahrt e. V. (DLR),
Institut für Verbrennungstechnik, Leuna

Dr. Sabrina Warmuth, RAin
MASLATON Rechtsanwaltsgesellschaft mbH, Leipzig

Kapitel 1
Rahmenbedingungen

Chris Drawer*, Martin Kaltschmitt, Martin Maslaton, Felix Mendler, Ingolf Sonntag, Sabrina Warmuth

Ziel der Ausführungen dieses ersten Kapitels ist eine Darstellung der natürlichen und Mensch-gemachten Rahmenbedingungen, die eine Nutzung des erneuerbaren Energieangebots auf der Gebietsfläche Deutschlands (mit-)bestimmen. Dazu wird zunächst das von der Natur uns Menschen zur Verfügung gestellte regenerative Energieangebot – dass heißt in diesem Zusammenhang im Wesentlichen die solare Einstrahlung, die durchschnittlichen Windgeschwindigkeiten und die entsprechenden Niederschläge – adressiert. Zusätzlich wird auf die mittleren Umgebungstemperaturen eingegangen, die insbesondere die Nachfrage nach Raumwärme und ggf. -kälte determinieren. Neben den meteorologischen und damit durch die Natur definierten Gegebenheiten bestimmt aber auch der gesetzliche Rahmen auf EU – sowie auf Bundes- und ggf. auch Landesebene die Möglichkeiten sowie die Grenzen der Nutzung des erneuerbaren Energieangebots maßgeblich; deshalb werden auch die im Jahr 2025 erkennbaren Entwicklungen und Veränderungen des gesetzlichen Rahmens im Hinblick auf die gesamtdeutsche Situation diskutiert, die letztlich aus rechtlicher Sicht jedoch stets eingebettet ist in die entsprechenden EU-Rahmenvorgaben.

1.1 Klimatische Rahmenbedingungen

Das Dargebot der erneuerbaren Energien auf der Gebietsfläche Deutschlands unterliegt naturgemäß räumlichen und zeitlichen Schwankungen; letzteres gilt sowohl im Stunden-, Tages- und Jahresverlauf als auch zwischen unterschiedlichen Jahren und Jahrzehnten; hinzu kommt die laufende und tendenziell zunehmende Klimaveränderung infolge der anthropogenen Treibhausgas-Emissionen. Im Folgenden wird daher ein Überblick über, für bestimmte Optionen zur Nutzung des erneuerbaren Energieangebots, relevante wetterbedingte Schwankungen des regenerativen Angebots gegeben. Dies umfasst für die Wasserkraftnutzung die Niederschlagsmen-

---

* Autoren in alphabetischer Reihenfolge.

gen als ein indirekter Indikator, für die Nutzung der Windenergie die mittleren Windgeschwindigkeiten sowie für die Solarenergienutzung mittels Photovoltaik- und/oder solarthermischen Anlagen die solare Einstrahlung (Globalstrahlung). Zusätzlich werden die mittleren Lufttemperaturen dargestellt, welche insbesondere die Raumwärme- und ggf. die Kältenachfrage maßgeblich beeinflussen.

1.1.1 Solare Einstrahlung

Die deutschlandweit durchschnittliche solare Einstrahlungssumme betrug im Jahr 2025 1 187 kWh/m^2 als die wichtigste klimatische Rahmenbedingung; dieser Wert liegt etwas über dem Mittelwert der Jahre 2005 bis 2025 in Höhe von 1 113 kWh/m^2 (Abb. 1.1). Dabei lag seit dem Jahr 2005 die solare globale Einstrahlungssumme in Deutschland in der Regel über rund 1 050 kWh/m^2. Das Jahr 2022 war durch ein Maximum in Höhe von 1 227 kWh/m^2 und das Jahr 2013 mit 1 046 kWh/m^2 durch ein Minimum gekennzeichnet. Insgesamt ist seit dem Jahr 2005 ein deutlicher Trend zu zunehmend höheren globalen Strahlungssummen in Deutschland festzustellen.

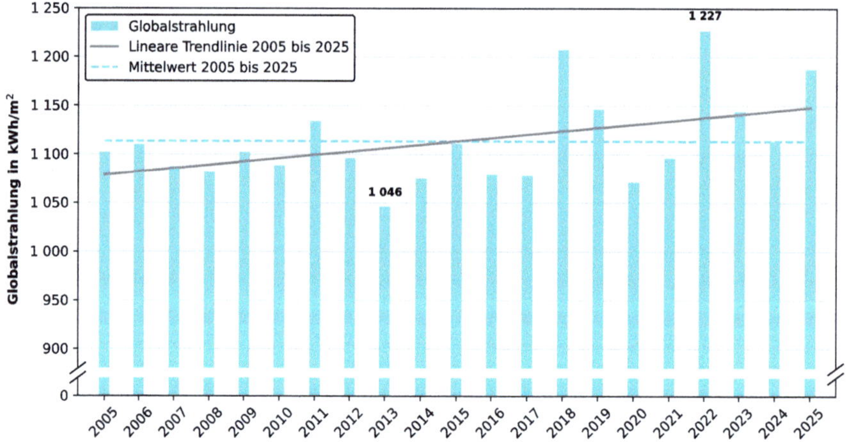

Abb. 1.1 Entwicklung der globalen Einstrahlungssumme in Deutschland [1].

Aufgrund der astronomischen Gegebenheiten ist auch die solare Einstrahlung in den Sommermonaten deutlich höher im Vergleich zum Winter [2]. Hinzu kommt, dass im Sommer die Tage bekanntermaßen länger sind und der mittlere Sonnenstand über dem Horizont durchschnittlich höher ist. Daraus resultieren beispielsweise im Jahr 2025 im deutschlandweiten Durchschnitt im Dezember Monatssummen der Globalstrahlung von 21 kWh/m^2 und im Juli von 152 kWh/m^2 [3].

Generell nehmen Breitengrad-bedingt die jahresmittleren solaren Einstrahlungssummen von Nord- nach Süddeutschland leicht zu. Liegen im Jahresdurchschnitt die Globalstrahlungssummen (Zeitraum: 1991 bis 2020) beispielsweise in Teilen der norddeutschen Tiefebene zwischen rund 1 000 und 1 020 kWh/m^2, bewegen sie sich in der Mitte Deutschlands zwischen 1 080 und 1 100 kWh/m^2 und steigen im Süden der Republik auf bis zu 1 180 bis 1 200 kWh/m^2 [4].

1.1.2 Windgeschwindigkeit

Die mittlere Windgeschwindigkeit in Deutschland für das Jahr 2024 betrug deutschlandweit 5,7 m/s, bezogen auf eine Referenzhöhe von 100 m; dieser Wert liegt unter dem Maximum, welches, innerhalb des hier betrachteten Zeitraums von 2005 bis 2024, jeweils in den Jahren 2007 und 2023 erreicht wurde (Abb. 1.2). Das Minimum mit einer mittleren Windgeschwindigkeit von 5,4 m/s wurde im betrachteten Zeitraum mehrfach erreicht; zuletzt was das im Jahr 2021 der Fall. Innerhalb des hier untersuchten Betrachtungszeitraums zeichnet sich in Deutschland bisher kein klarer Trend einer über der Zeit zu- oder -abnehmenden jahresmittleren Windgeschwindigkeit ab.

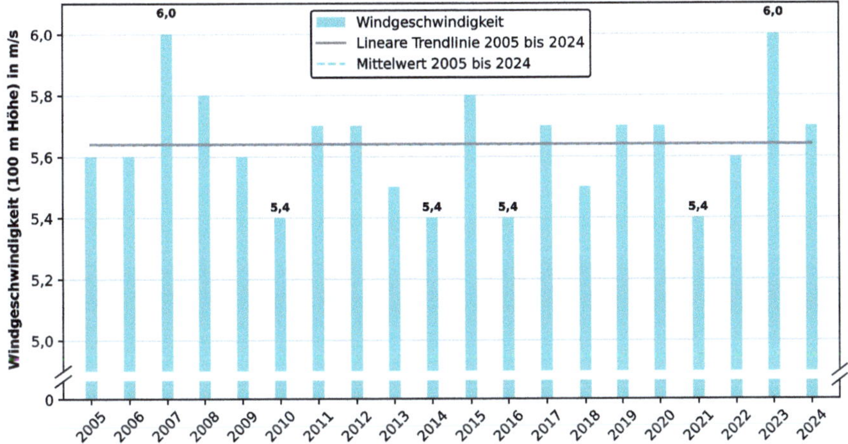

Abb. 1.2 Entwicklung der mittleren Windgeschwindigkeit in Deutschland [1].

In der Regel sind die monatsmittleren Windgeschwindigkeiten in Deutschland in den Sommermonaten merklich geringer im Vergleich zu den Wintermonaten. Dies ist u. a. auf die tendenziell stabileren Wetterlagen im Sommer- und die instabileren meteorologischen Gegebenheiten im Winterhalbjahr zurückzuführen [2].

Typischerweise werden – bezogen auf eine einheitliche Bezugshöhe – die höchsten Windgeschwindigkeiten dort gemessen, wo die Erdoberfläche am wenigsten rau ist; d. h. über Wasserflächen und in kaum bewaldeten Ebenen sind die auf eine bestimmte Höhe über Grund bezogenen mittleren Windgeschwindigkeiten typischerweise höher im Vergleich zu einer stark geklüfteten bzw. gebirgigen Landschaft. Daraus resultiert als eine grobe Daumenregel, dass – erneut für eine einheitliche Bezugshöhe über Grund – die höchsten mittleren Windgeschwindigkeiten Offshore in der Nordsee, dann z. T. merklich geringer an der Nord- und Ostseeküste bzw. in der norddeutschen Tiefebene und dann nochmals deutlich niedriger in den mittel- und süddeutschen Mittelgebirgslagen vorkommen; unabhängig davon können aber auch beispielsweise auf exponierten Bergrücken relativ hohe mittlere Windgeschwindigkeiten gegeben sein [5].

1.1.3 Niederschlagsmenge

Die deutschlandweit gemittelte Niederschlagsmenge, welche die Möglichkeiten einer elektrischen Energiegewinnung insbesondere mittels Laufwasserkraft mittelbar beeinflusst, betrug im Jahr 2025 624 mm; dieses im Durchschnitt Deutschlands gegebene Niederschlagsaufkommen lag damit deutlich unter dem 20-jährigen mittleren Niederschlagsniveau in Höhe von 774 mm (Abb. 1.3). Vorangegangen waren zwei relativ niederschlagsreiche Jahre; beispielsweise wurde im Jahr 2023 mit 958 mm fast das Niederschlagsmaximum in dem dargestellten Zeitraum erreicht; dieser Höchstwert wurde im Jahr 2007 mit rund 970 mm verzeichnet.

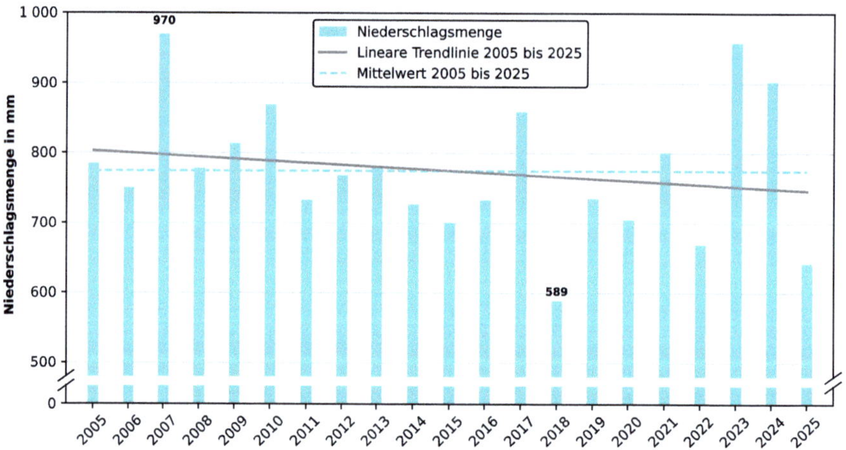

Abb. 1.3 Entwicklung der gemittelten Niederschlagsmenge in Deutschland [1].

Insgesamt ist innerhalb der betrachteten Zeitspanne eine starke Schwankung der jährlichen Niederschlagsmengen festzustellen; dabei zeichnet sich auch hier – wie bei den jahresmittleren Windgeschwindigkeiten – kein deutlich erkennbarer genereller Trend einer eindeutigen Veränderung ab. Werden nur die letzten zwei Jahrzehnte betrachtet, ist eine leichte Tendenz zu insgesamt etwas sinkenden Niederschlägen erkennbar; es bleibt jedoch abzuwarten, ob sich diese Entwicklungstendenz in den kommenden Jahren bestätigt.

Im langjährigen Durchschnitt sind die Monatsmittelwerte der Niederschläge in Deutschland in den Monaten Juni, Juli und August am höchsten; die im Monatsdurchschnitt geringsten Niederschläge fallen in den Monaten Februar, März und April sowie im September, Oktober und November. Im Jahr 2025 waren die Monate Juli und September durch Maximalwerte (114 mm bzw. 86 mm) und die Monate März und Dezember durch Minimalwerte (19 mm bzw. 22 mm) gekennzeichnet [6].

Aus regionaler Sicht gilt, dass die durchschnittlich höchsten Niederschläge in den Mittelgebirgen (z. B. Höhenlagen des Harzes und des Schwarzwaldes) und am Alpenrand gegeben sind. Auch ist der Westen der Republik tendenziell niederschlagsreicher im Vergleich zum Osten Deutschlands; beispielsweise lag 2025 die durchschnittliche Niederschlagsmenge im Saarland bei 818 mm und in Brandenburg nur bei 482 mm [1].

1.1.4 Lufttemperatur

In den letzten zwei Jahrzehnten wurde eine deutliche Zunahme der mittleren Lufttemperatur – gemessen in 2 m Höhe über Grund – in Deutschland verzeichnet. Dabei stellt das Jahr 2024 mit einer durchschnittlichen jahresmittleren Lufttemperatur von 10,9 °C den vorläufigen Höhepunkt dieser Entwicklung dar. Die in Abb. 1.4 dargestellte langfristige lineare Trendlinie macht diesen kontinuierlichen Anstieg der mittleren bodennahen Lufttemperatur in Deutschland im Verlauf der letzten 20 Jahre deutlich.

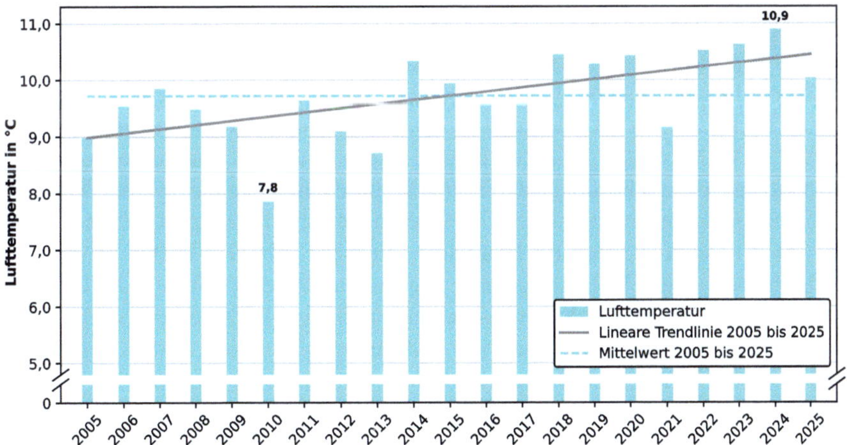

Abb. 1.4 Entwicklung der mittleren Lufttemperatur in Deutschland [1].

Besonders markant ist dieser Temperaturanstieg in drei der letzten vier Jahre (2022 bis 2024) zu beobachten; hier waren Jahr für Jahr neue Höchstwerte im Vergleich zu den vorangegangenen Jahren zu verzeichnen. Auch beeinflussen einzelne durchschnittlich kältere Jahre, wie beispielsweise das Jahr 2010 mit einer mittleren Lufttemperatur von 7,8 °C, nicht diese insgesamt deutlich steigende Tendenz einer durchschnittlichen Temperaturzunahme über der Gebietsfläche Deutschlands.

Ähnlich wie die solare Globalstrahlung ist auch die bodennahe Lufttemperatur starken jahreszeitlichen Unterschieden unterworfen; beispielsweise lag die Durchschnittstemperatur in Deutschland im Februar 2025 bei 1,4 °C, im April bei 10,5 °C, im Juni bei 18,5 °C und im November bei 4,9 °C [7].

Die zusätzlich z. T. deutlichen regionalen Unterschiede der Temperaturverteilung in Deutschland im Jahr 2025 werden u. a. vom Breitengrad, von der Kontinentalität des jeweiligen Standorts und der entsprechenden Höhenlage beeinflusst. Daraus resultierte beispielsweise in Niedersachsen eine Jahresdurchschnittstemperatur von 10,4 °C und in Bayern von 9,3 °C [1].

1.2 Regulatorischer Rahmen

Das Jahr 2025 war energierechtlich vor allem durch die weitere europäische Verdichtung der Klimaschutzvorgaben und deren nationale Konkretisierung geprägt. Im Mittelpunkt standen Maßnahmen zur besseren Integration erneuerbarer Energien in das Stromsystem, zur Stabilisierung der Strommärkte sowie sektorale Anpassungen im Strom-, Wärme- und Verkehrsrecht.

Auf EU-Ebene wurde das „Fit for 55"-Klimapaket weitergehend umgesetzt. Bereits am 18. Oktober 2023 war in diesem Zusammenhang die RED III-Richtlinie (EU) 2023/2413 (RED Renewable Energy Directive) verabschiedet worden. Diese schreibt ein verschärftes EU-weites Ausbauziel für erneuerbare Energien von mindestens 42,5 % bis 2030 fest (bis zu 45 % optional) [8]. Die Mitgliedstaaten müssen außerdem Beschleunigungsgebiete für erneuerbare Energieanlagen ausweisen (Art. 15c RED III). Zu dieser Umsetzung der RED III wurde das Bau- und Planungsrecht geändert. Die Ausweisung von Beschleunigungsgebieten in Raumordnungs- und Flächennutzungsplänen ist nun grundsätzlich verpflichtend; zugleich werden Vorhaben in diesen Gebieten verfahrensrechtlich vereinfacht. Ebenfalls auf EU-Ebene wurden die CO_2-Flottengrenzwerte für Fahrzeuge verschärft. Ab 2035 dürfen EU-weit nur noch Neuwagen mit Null-Emissionen zugelassen werden (100 % CO_2-Reduktion gegenüber 2021). Die EU-Kommission hat jedoch eine Initiative angestoßen, diese Vorgabe zu modifizieren und statt einer vollständigen Emissionsfreiheit künftig eine Reduktion um mindestens 90 % genügen zu lassen. Zudem trat im April 2024 die EU-Verordnung über alternative Kraftstoffinfrastruktur (AFIR) in Kraft. Diese ist unmittelbar geltendes Recht und definiert EU-weit Mindestziele für eine Lade- und Tankinfrastruktur (u. a. Strom, Wasserstoff). Teile der deutschen Rechtsvorschriften – etwa Definitionen in der Ladesäulenverordnung – waren dadurch überholt und werden nun angepasst [9]. Schließlich verlangte die EU-Elektrizitätsbinnenmarktrichtlinie

2019/944 u. a. eine Entflechtung bei Ladeinfrastruktur; dies hat Deutschland 2023 mit dem § 7c EnWG umgesetzt (EnWG Energiewirtschaftsgesetz) [10].

Der Kohleausstieg für Westdeutschland wurde auf *idealerweise 2030* vorgezogen. Im Kohleausstiegsgesetz ist für Nordrhein-Westfalen 2030 als Enddatum festgeschrieben (anstatt 2038)[11].

Im Stromsektor gewannen Fragen der Systemintegration und Netzstabilität weiter an Bedeutung. Auf europäischer Ebene stärkte die Reform des Strommarktdesigns insbesondere Investitions- und Preisstabilität für erneuerbare Energien. National wurde mit dem Anfang 2025 verabschiedeten Solarspitzengesetz die EEG-Förderung (EEG Erneuerbare-Energien-Gesetz) bei anhaltend negativen Börsenstrompreisen eingeschränkt, um Fehlanreize bei Überangebot zu vermeiden und die Einspeisung stärker an Preissignalen auszurichten. Zudem zielt die EnWG-Novelle 2025 auf eine strukturelle Stärkung dezentraler Versorgungsmodelle. Die nationale Wasserstoffstrategie wurde bereits im Juli 2023 aktualisiert, um den Markthochlauf zu beschleunigen. Im Wärmesektor wurde mit dem Geothermie-Beschleunigungsgesetz die regulatorische Stellung der tiefen Geothermie weiter gestärkt und im Verkehrssektor zeichnet sich im Zuge der RED-III-Umsetzung eine Anpassung des nationalen Quotenregimes ab.

Auf globaler Ebene hat der Internationale Gerichtshof das Recht auf eine saubere, gesunde und nachhaltige Umwelt als Menschenrecht anerkannt. Zwar ist das Gutachten rechtlich unverbindlich, jedoch entfaltet es eine erhebliche Signalwirkung zugunsten des Klimaschutzes und der zukünftigen Inpflichtnahme von Staaten. Innerstaatlich hat das Bundesverwaltungsgericht mit einem Urteil vom 29. Januar 2026 (7 C 6.24) festgestellt, dass das Klimaschutzprogramm 2023 nicht ausreicht, um die gesetzlichen Klimaziele für 2030 zu erreichen. Die Entscheidung sendet ein deutliches Signal an den Gesetzgeber, die bestehenden Maßnahmen weiterzuentwickeln und den gesetzlichen Zielpfad zur Klimaneutralität durch geeignete Reformen zu sichern.

1.2.1 Stromerzeugung

Im Stromsektor standen das Erneuerbare-Energien-Gesetz (EEG) sowie die RED-III Richtlinie, ihre nationalen Umsetzungen und der Netzausbau im Fokus. Zum 1. Januar 2023 war bereits das novellierte EEG 2023 in Kraft getreten, das höhere Ausbaupfade vorgibt (mindestens 80 % „grüner" Strom bis 2030) [11]. Im Jahr 2024 wurden weitere Änderungen umgesetzt, um diese Ziele erreichbar zu machen. Ein zentrales Element ist dabei die Flächenbereitstellung für Windenergie an Land; hier hat die Ampel-Koalition bereits im Jahr 2022 das Windenergieflächenbedarfsgesetz (WindBG) eingeführt. Dieses verpflichtet alle Bundesländer, bis zum Jahr 2032 schrittweise Mindestflächen für Windenergieanlagen auszuweisen (insgesamt ca. 2 % der Landesfläche). Zudem wurde § 6 WindBG in Umsetzung der EU-Notfall-Verordnung 2022/2577 geschaffen, der in ausgewiesenen Windvorranggebieten bestimmte Prüfungen (z. B. Artenschutz) einschränkt. Insgesamt hat sich dadurch die verfügbare Planungsfläche für Wind an Land deutlich erhöht; dies war ein wichtiger Grund für den sprunghaften Anstieg der Genehmigungen in den letzten Jahren [12].

Im Zuge der RED III-Umsetzung wurde zudem das Änderungsgenehmigungsverfahren durch Einführung des § 16b Abs. 7 WindBG vereinfacht. Hiernach ist bei bereits genehmigten, aber noch nicht errichteten Windenergieanlagen im Falle eines Wechsels des Anlagentyps im Änderungsgenehmigungsverfahren lediglich zu prüfen, ob und inwieweit durch den neuen Anlagentyp gegenüber der genehmigten Anlage nachteilige Auswirkungen entstehen können, die für die Genehmigungsvoraussetzungen nach § 6 BImSchG erheblich sind. Bei nur geringfügigen Änderungen erfolgt eine vereinfachte Prüfung. Außerdem wurde § 6b WindBG neu geschaffen, der in Beschleunigungsgebieten deutliche Verfahrensvereinfachungen für Windenergieanlagen vorsieht. Dazu zählt der Wegfall der Umweltverträglichkeitsprüfung und der artenschutzrechtlichen Prüfung sowie ein vereinfachter Überprüfungsmaßstab für Umweltauswirkungen. Zugleich wird die Ausweisung von Beschleunigungsgebieten gemäß § 249c BauGB (BauGB Baugesetzbuch) und § 28 ROG (ROG Raumordnungsgesetz) in Flächennutzungs- und Raumordnungsplänen grundsätzlich zur Pflicht.

Die Änderung des WindBG bringt aber auch nachteilige Entwicklungen für die Windenergie und den Klimaschutz mit sich. So wurde in der Zielbestimmung des § 1 Abs. 1 WindBG die Formulierung zum Klima- und Umweltschutz gestrichen; übrig bleibt nur die Förderung des Ausbaus der erneuerbaren Energien mit Speicheranlagen. Zudem verliert durch die Änderung des § 1 Abs. 2 WindBG der in Abwägungsentscheidungen nach § 2 EEG vorgesehene Vorrang von Windenergieanlagen nach Erreichen der Flächenbeitragswerte weitgehend an Wirkung. In diesem Fall profitieren nur Repowering-Anlagen weiterhin von Privilegierungen.

Der Gesetzgeber hat zudem befristet bis Ende 2030 planungsrechtliche Hürden abgesenkt; gemäß §§ 245e Abs. 3, 249 Abs. 3 BauGB dürfen Repowering-Anlagen *auch außerhalb* von ausgewiesenen Windgebieten errichtet werden – und das unabhängig vom Erreichen der Flächenziele. Damit können alte Windparks an ihrem Standort erneuert werden, selbst wenn das Gebiet (noch) nicht als Windenergiegebiet ausgewiesen ist. Diese Maßnahmen entfalten bereits Wirkung; Repowering-Projekte haben jüngst stark zugenommen.

Parallel zum Ausbau der erneuerbaren Erzeugung wird der Stromnetzausbau weiter vorangetrieben. Grundlage ist der von den Übertragungsnetzbetreibern vorgelegte Netzentwicklungsplan 2037/2045, dessen Szenariorahmen von der Bundesnetzagentur im Jahr 2025 genehmigt wurde [13] und damit die verbindliche Planungsbasis für die Fortschreibung des Bundesbedarfsplans (§ 12e EnWG) bildet. Zugleich sollen Planungs- und Planfeststellungsverfahren durch Bündelung, Digitalisierung und verkürzte Fristen weiter beschleunigt werden.

Ein weiterer Aspekt ist die europäische Marktkopplung und Speicherintegration. Auf europäischer Ebene wurde mit der Reform des Strommarktdesigns 2024 die Investitions- und Preisstabilität für erneuerbare Energien gestärkt, insbesondere durch zweiseitige Differenzverträge (CfDs), die Erlösschwankungen ausgleichen und so Investitionen in neue Anlagen zur Nutzung erneuerbarer Energien verlässlicher machen [14]. Auf nationaler Ebene knüpft hieran die geplante EEG-Novelle 2027 an, die insbesondere die Marktintegration von Speichern stärken und deren Rolle als Flexibilitätsinstrument im Stromsystem klarer verankern soll, um die Integration volatiler erneuerbarer Energien systemstabilisierend zu flankieren. Die wachsende Bedeutung von Speichern zeigt sich zudem im Bauplanungsrecht: Für Batteriespeicher wurde im § 35 Abs. 1 BauGB eine eigenständige Privilegierung im Außenbereich eingeführt. Auf nationaler Ebene wurde mit dem Anfang 2025 verabschiedeten Solarspitzengesetz die EEG-Förderung bei anhaltend negativen Börsenstrompreisen weiter eingeschränkt. In entsprechenden Marktphasen wird die Marktprämie ausgesetzt, um Fehlanreize bei Überangebot zu vermeiden und die Einspeisung stärker an Preissignalen auszurichten.

Auch förderpolitisch wurden die laufenden Programme angepasst. Mit der Stromsteuer-Novelle 2026 werden insbesondere das produzierende Gewerbe dauerhaft entlastet und steuerliche Hemmnisse für Speicher- und Ladeanwendungen abgebaut, um Elektrifizierung und Flexibilisierung zu erleichtern. Zugleich vereinfachte der Gesetzgeber zentrale Verfahrensvorgaben, die Anreize für dezentrale Konzepte und Speicherlösungen setzen. Für innovative Erzeugungstechnologien (z. B. Agri-Photovoltaik, Floating-Photovoltaik) und Speicher wurden spezielle Förderaufrufe initiiert. Solarstrom für Mietwohnungen, sogenannter Mieterstrom, zur gemeinschaftlichen Gebäudeversorgung wurde durch Änderungen im EEG und im EnWG vereinfacht und attraktiver gemacht. Im Zuge der Strompreiskrise wurden außerdem bestehende Gaskraftwerke in eine Kapazitätsreserve überführt und neue Gaskraftwerke in Ausschreibungen als *Wasserstoff-ready* gefördert, um bis zum Jahr 2030 genügend gesicherte Leistung bereitzuhalten (Kraftwerksstrategie 2024). Zwar sind die Strompreise für Industriekunden weiterhin hoch; politisch wird aber über einen zeitweiligen Industriestrompreis diskutiert (Stand Anfang 2026).

Ein wichtiger neuer Richterspruch betrifft die Netzinfrastruktur auf lokaler Ebene. Nachdem der Kundenanlagenbegriff des EnWG für unionsrechtswidrig erklärt wurde [15], entschied der Bundesgerichtshof, dass eine Anlage nicht als Kundenanlage qualifiziert werden kann, wenn sie als reguliertes Verteilernetz einzustufen ist [16]. Dies hat direkte Auswirkungen auf Betreiber von z. B. Werksnetzen und die Wohnungswirtschaft mit Photovoltaik-Bürgerstrom, die nun regulierungsrechtlich neu eingeordnet werden müssen. Zudem ist energierechtlich relevant, dass der Europäische Gerichtshof bereits im Jahr 2021 entschieden hatte, dass frühere Ausnahmen bei der EEG-Umlage für Eigenstrom (BesAR) teilweise unzulässig waren; die Bundesregierung hat daraufhin 2023 Rückzahlungen an Unternehmen geregelt. Darüber hinaus wurden im Zuge der EnWG-Novelle im Herbst 2025 umfassende Änderungen verabschiedet, die den Ausbau einer dezentralen Energieversorgung erleichtern. Damit stellt der Gesetzgeber zentrale Weichen für ein stärker dezentral organisiertes Energiesystem.

In Sachen EU-Taxonomie wies das Gericht der Europäischen Union 2025 die Klage Österreichs gegen die Einstufung von Gas- und Kernkraft als nachhaltig ab. Hierdurch verbessern sich die Investitionsbedingungen für diese Technologien und wirken sich damit indirekt auf Stromerzeugungsprojekte aus erneuerbaren Energien aus. Insgesamt ist der Regulierungsrahmen Strom 2024/27 gekennzeichnet durch den beschleunigten Ausbau und die Sicherung der Stromversorgung in einem vollständig erneuerbaren System.

1.2.2 Wärmebereitstellung

Im Wärmesektor zeichnet sich eine Abkehr von den Reformen der Jahre 2023 und 2024 ab. Diese etablierten einen vergleichsweise strengen ordnungsrechtlichen Rahmen für die Defossilierung der Wärmebereitstellung. Angesichts des sektorübergreifenden Nachbesserungsbedarfs im Klimaschutzprogramm relativieren die von der schwarz-roten Koalition geplanten Änderungen diesen Ansatz. Zentrales Regelwerk der Ampelregierung ist das im September 2023 geänderte Gebäudeenergiegesetz (GEG), das auch als „Heizungsgesetz" bekannt wurde. Es schreibt vor, dass neu eingebaute Heizungen zu einem überwiegenden Teil mit erneuerbaren Energien betrieben werden müssen. Konkret gilt ab dem Jahr 2024 schrittweise eine 65 %-Pflicht an erneuerbaren Energien für neue Heizungsanlagen. In Neubaugebieten greift diese Anforderung sofort, während in Bestandsgebäuden der Zeitpunkt an die kommunale Wärmeplanung gekoppelt ist. Spätestens ab Mitte 2028 müssen aber bundesweit alle neu installierten Heizungen mindestens 65 % Wärme aus erneuerbaren Energien nutzen. Um die Umstellung sozial abzufedern, gibt es Übergangsfristen und staatliche Förderprogramme für den Heizungstausch. Das GEG wurde technologieneutral ausgestaltet; erlaubt sind diverse Optionen zur Erfüllung der 65 %-Quote (z. B. Wärmepumpen, Biomasse-Heizungen, Solarthermie-Anlagen oder der Anschluss an ein mit erneuerbaren Energien versorgtes Wärmenetz). Damit hatte die Ampel-Regierung eine über Jahrzehnte andauernde Diskussion um die schwer durch- und umsetzbare Defossilierung des Wärmesektors beendet und einen absehbaren Austauschzwang für mit fossilen Energieträgern betriebene Heizungen über die nächsten 10 bis 20 Jahre eingeführt. Derzeit zeichnet sich hingegen ab, dass die schwarz-rote Koalition diese Entwicklung deutlich verlangsamt. Im Frühjahr 2026 verständigte sie sich darauf, die 65 %-Vorgabe vollständig aufzuheben; eine entsprechende Gesetzesänderung wird für Juli 2026 erwartet. Damit könnten neu installierte Heizungsanlagen wieder uneingeschränkt mit fossilen Brennstoffen betrieben werden; zugleich entfiele für bestehende Anlagen die bislang angelegte Austauschverpflichtung. Der klimapolitische Steuerungsansatz soll künftig primär über eine Grüngasquote erfolgen. Diese bleibt jedoch deutlich hinter der bisherigen 65 %-Regelung zurück, da sie keine strukturelle Umstellung der Wärmeerzeugung verlangt, sondern lediglich eine begrenzte Beimischung erneuerbarer Gase vorsieht. Für bestehende Öl- und Gasheizungen ist ab 2028 eine Grüngasquote von 1 % vorgesehen und für neu installierte Anlagen ab 2029 eine Quote von 10 %; dieser Anteil soll in den Folgejahren schrittweise erhöht werden.

Flankiert wird das GEG durch das neue Wärmeplanungsgesetz (WPG). Dieses verpflichtet alle Bundesländer bzw. größeren Kommunen, bis Mitte der 2020er Jahre kommunale Wärmepläne zu erstellen. In diesen Plänen sollen Städte und Landkreise analysieren, wo Fernwärmenetze ausgebaut werden können und welche Gebiete sich für welche Heiztechnologien eignen. Die Ergebnisse der Wärmeplanung beeinflussen, ab wann die GEG-Pflicht vor Ort greift; in Städten mit einem früh fertiggestellten Wärmeplan gelten die Anforderungen an neue Heizungen eher und in den anderen Städten spätestens ab dem Jahr 2028. Durch diese Verzahnung sollen Überforderungen vermieden werden und jeder Hausbesitzer soll dann wissen, ob demnächst ein Fernwärmeanschluss verfügbar sein wird oder ob er eigenständig auf eine Heizung zur Nutzung erneuerbarer Energien umstellen muss.

Auf der EU-Ebene betrifft die RED III-Richtlinie auch den Wärmebereich. Sie fordert jährlich eine bestimmte Steigerungsrate des Anteils erneuerbarer Wärme in den Mitgliedsstaaten. Ferner sollen Hindernisse für eine vermehrte Abwärmenutzung abgebaut werden. Deutschland hat mit der Novelle des Kraft-Wärme-Kopplungs-Gesetzes (KWKG 2023) reagiert, indem die Förderung für Wärmenetze an deren Defossilierung gekoppelt wurde; KWK auf der Basis fossiler Energieträger erhält nur noch eine Übergangsförderung, während erneuerbare Wärmequellen stärker bezuschusst werden. Auch das Emissionshandelssystem umfasst seit dem Jahr 2023 den Wärmesektor (nationales Emissionshandelssystem (nEHS) für Brennstoffe), das den CO_2-Preis für Gas und Öl schrittweise erhöht und so die Wirtschaftlichkeit grüner Alternativen verbessern soll. Mit dem im Jahr 2026 initiierten Geothermie-Beschleunigungsgesetz wird die tiefe Geothermie als besonders geeignete Option zur Deckung einer hohen und kontinuierlichen Wärmenachfrage regulatorisch gestärkt. Zentrales Instrument ist neben Normen zur Beschleunigung von Genehmigungsverfahren die gesetzliche Festschreibung, wonach Geothermie-Vorhaben im überragenden öffentlichen Interesse stehen. Wie bereits § 2 EEG gezeigt hat, entfaltet eine solche Wertungsentscheidung enorme Wirkung für den Ausbau solcher Vorhaben.

1.2.3 Mobilität

Der Mobilitätssektor steht vor einer umfassenden Transformation hin zu klimafreundlichen Antrieben – entsprechend vielfältig waren die gesetzlichen Aktivitäten auf nationaler und EU-Ebene; sie gingen jedoch teilweise mit einer Abschwächung zuvor verfolgter Zielsetzungen einher. Die neue Bundesregierung hat das von der Ampelkoalition formulierte Ziel von 15 Mio. Elektro-Pkw bis 2030 nicht fortgeschrieben. Auch der von der Vorgängerregierung eingebrachte Entwurf zur Änderung des Gebäude-Elektromobilitätsinfrastruktur-Gesetzes (GEIG), der eine Pflicht großer Tankstellenunternehmen zur Errichtung von Schnellladepunkten vorsah, wurde parlamentarisch nicht abgeschlossen und wird nicht weiterverfolgt. Stattdessen hat die Bundesregierung im Herbst 2025 den „Masterplan Ladeinfrastruktur 2030" als strategischen Rahmen beschlossen [17]. Dieser bündelt ressortübergreifend Maßnahmen zur Beschleunigung des Ausbaus öffentlich zugänglicher Ladeinfrastruktur für Pkw und Nutzfahrzeuge, adressiert Fragen der Netzintegration und Systemdienlichkeit, der Planungs- und Genehmigungsbeschleunigung sowie der Interoperabilität und Nutzerfreundlichkeit. Der Masterplan selbst entfaltet keine unmittelbare normative Bindungswirkung; in welcher konkreten Ausgestaltung hieraus künftig verbindliche gesetzliche Regelungen entwickelt werden, bleibt abzuwarten.

Unverändert fortgeführt wird demgegenüber das Förderprogramm „Deutschlandnetz", mit dem der Bund seit 2021 den flächendeckenden Aufbau einer Schnellladeinfrastruktur an Autobahnen und in bislang unterversorgten Regionen vorantreibt.

Auf EU-Ebene greift seit April 2024 die AFIR-Verordnung direkt (AFIR Alternative Fuels Infrastructure Regulation). Sie legt verbindliche Ziele etwa für die maximale Distanz zwischen Schnellladeparks an den TEN-T-Autobahnen und für eine Mindestanzahl an öffentlichen Ladepunkten pro zugelassenem Elektro-Fahrzeug fest. Deutschland muss diese Ziele umsetzen; teilweise sind sie bereits erreicht, teils erfordert es noch erhebliche Investitionen bis 2030. Durch die AFIR wurden nationale Vorschriften wie die Ladesäulenverordnung (LSV) in Teilen überlagert; u. a. werden Begriffe wie „Ladepunkt" jetzt EU-weit einheitlich definiert und die Preisangabenverordnung geändert, um z. B. kWh-Preise beim Ad-hoc-Laden klar auszuweisen. Auch soll die Bundesnetzagentur als nationale Stelle die Einhaltung der AFIR überwachen. Somit verzahnen sich EU-Vorgaben und nationales Recht eng, um ein flächendeckendes Ladenetz aufzubauen. Die Ladesäulenverordnung wurde im Dezember 2024 entsprechend angepasst.

Ein wichtiges Thema ist auch weiterhin die Entflechtung im Ladeinfrastruktursektor. Nach Art. 33 Abs. 2–4 der Elektrizitäts-Binnenmarktrichtlinie 2019/944 müssen Verteilnetzbetreiber ihre Tätigkeiten als Ladepunktbetreiber getrennt halten. Deutschland hat dies bereits im Jahr 2023 mit dem neuen § 7c EnWG umgesetzt. Diese Vorschrift untersagt Stromnetzbetreibern grundsätzlich den Betrieb von öffentlichen Ladesäulen („eigentliches oder operatives Geschäft") und sogar das Eigentum an Ladepunkten [10]. Der Gesetzgeber will damit verhindern, dass Netzbetreiber ihre Monopolstellung nutzen, um Ladeinfrastruktur zu kontrollieren oder quer zu subventionieren. So soll ein marktwirtschaftlicher Ansatz sichergestellt werden, bei dem unabhängige CPOs (Charge Point Operator) investieren. Allerdings gibt es Ausnahmen. Wenn in einer Region kein marktgetriebener Ausbau zustande kommt, kann die Landesregulierungsbehörde ein „Marktversagen" feststellen; dann darf der lokale Netzbetreiber aushelfen. Ebenso waren kleine Netzbetreiber bis Ende 2026 vom Verbot ausgenommen (§ 118 Abs. 34 EnWG).

Neben Strom spielt auch Wasserstoff im Verkehrssektor eine Rolle, vor allem für Schwerlast-Lkw, Busse und perspektivisch den Luft- und Seeverkehr. Die nationale Wasserstoffstrategie und EU-Vorgaben fördern den Aufbau von Wasserstofftankstellen. Die AFIR verlangt z. B., dass bis zum Jahr 2030 entlang der großen Verkehrsachsen alle 200 km eine Wasserstoff-Tankstelle verfügbar ist. Deutschland verfügte Ende 2024 noch über ein Grundnetz von rund 100 öffentlichen Wasserstoff-Stationen, 2025 war ein starker Rückgang zu verzeichnen (Rückgang um ca. 50 %). Dennoch sind insbesondere für Lkw weitere im Aufbau; dies wird unterstützt durch EU-Programme *Connecting Europe Facility* und nationale Mittel. Im Jahr 2026 hat die Bundesregierung ein weiteres Förderprogramm aufgelegt, das auf den Wasserstoffantrieb im Schwerlastverkehr zielt. Gefördert wird die kombinierte Errichtung von Wasserstofftankstellen und die Beschaffung entsprechender Nutzfahrzeuge; das Programm dient damit vor allem der Erfüllung der unionsrechtlichen Infrastrukturvorgaben aus der AFIR. Über diese infrastrukturelle Mindestumsetzung hinausgehende Impulse bleiben jedoch aus: Die von der Ampelregierung diskutierten steuerlichen Erleichterungen für „grünen" Wasserstoff wurden bislang nicht weiterverfolgt.

Weiterhin hat die EU im Rahmen des „Fit for 55"-Pakets das Aus für Verbrenner-Pkw bis zum Jahr 2035 beschlossen, das nach einer Initiative der EU-Kommission jedoch dahingehend verändert werden soll, dass im Jahre 2035 Neuwagen lediglich mindestens 90 % weniger CO_2 ausstoßen dürfen als im Vergleichsjahr 2021.

Eine weitere zentrale Verschärfung betrifft das Quotenregime für erneuerbare Energien im Verkehr. Im nationalen Recht verpflichtet das Bundes-Immissionsschutzgesetz in §§ 37a ff. BImSchG Kraftstoffanbieter, die Treibhausgasemissionen der von ihnen in Verkehr gebrachten Kraftstoffe schrittweise zu mindern (THG-Quote). Die Richtlinie (EU) 2023/2413 (RED III) verpflichtet die Mitgliedstaaten demgegenüber, im Verkehrssektor bis 2030 entweder einen bestimmten Mindestanteil erneuerbarer Energien am Endenergieverbrauch oder eine entsprechende Treibhausgasminderung sicherzustellen. Dabei werden die Mindestanteile für Biokraftstoffe aus Abfällen, Rückständen und Nebenprodukten angehoben und verbindliche Mindestbeiträge für erneuerbare Kraftstoffe nicht biogenen Ursprungs eingeführt. Hierzu zählen insbesondere grüner Wasserstoff und darauf basierende synthetische Kraftstoffe. Zur Umsetzung dieser Vorgaben liegt seit Februar 2026 ein Gesetzentwurf der Bundesregierung vor [18], der eine Anpassung der §§ 37a ff. BImSchG vorsieht. Danach soll der THG-Minderungspfad bis 2040 fortgeschrieben und schrittweise auf 59 % angehoben werden; dies entspricht einem Anteil erneuerbarer Energien im Verkehr von rund 62 %. Zudem sollen Verpflichtete künftig eine eigenständige Quote für erneuerbare Kraftstoffe nicht biogenen Ursprungs erfüllen müssen.

Im Luftverkehr gilt seit dem Jahr 2025 unionsweit eine obligatorische Beimischung von e-Kerosin in Höhe von 2 %, die schrittweise angehoben wird [19]. National wurde zudem die Kfz-Steuer reformiert, um emissionsarme Pkw stärker zu begünstigen. Schließlich gelten auch viele der bereits im Jahr 2023 verlängerten Förderprogramme weiter; die Kaufprämie (Umweltbonus) für Elektro-Autos wurde angepasst (Fördersätze gesenkt und für Firmenwagen abgeschafft, für 2026 neu beschlossen) [20], ein Flottenaustauschprogramm für Lkw mit Elektro-Antrieb aufgesetzt, und Mittel für den Ausbau von Radverkehr und ÖPNV (Deutschlandticket) bereitgestellt. All dies soll helfen, die Klimaziele im Verkehr zu erreichen – ein Bereich, der seine Sektorziele bislang verfehlt hat.

Kapitel 2
Energiesystem Deutschland

Philipp Anstett*, Fabian Carels, Martin Kaltschmitt, David Kretzschmar, Freya Krieg, Eric Nitschke, Klaus-Peter Sticht

Nachdem zuvor ausgewählte Rahmenbedingungen für die Nutzung erneuerbarer Energien in Deutschland betrachtet wurden, widmet sich das folgende Kapitel der Darstellung des derzeitigen deutschen Energiesystems und dessen jüngster Entwicklung. Dazu wird zunächst der Primärenergieverbrauch analysiert, welcher die gesamte Energieversorgung der deutschen Volkswirtschaft einschließlich sämtlicher Verbrauchssektoren umfasst. Anschließend wird die Stromerzeugung näher betrachtet, da sie eine zentrale Rolle bei der Transformation des Energiesystems spielt und zunehmend durch erneuerbare Energien geprägt wird. Ergänzend dazu werden der aktuelle Stand und die sich derzeit abzeichnenden Entwicklungen im Bereich der Wärmebereitstellung untersucht, die neben der Versorgung von Haushalten auch die Wärmenachfrage der Industrie sowie des Sektors „Gewerbe-, Handel- und Dienstleistungen (GHD)" umfasst. Abschließend wird der Energieverbrauch im Mobilitätssektor näher behandelt.

2.1 Primärenergieverbrauch

Die Energienachfrage in Deutschland wird durch unterschiedliche fossile Energieträger (z. B. Stein- und Braunkohle, Mineralöl, Erdgas) und verschiedene erneuerbare Energieträger bzw. Energieströme (z. B. biogene Festbrennstoffe, Solarstrahlung, Winddargebot, Laufwasserkraft) gedeckt. Dabei werden unter Primärenergieträgern Stoffe und unter der Primärenergie der Energieinhalt der Primärenergieträger und damit der „primären" Energieströme verstanden, die noch keiner technischen Umwandlung unterworfen wurden. Bezogen auf die Energiebilanz Deutschlands bedeutet dies, dass unter der insgesamt eingesetzten Primärenergie u. a. die in Deutschland geförderte Braunkohle, die hierzulande bereitgestellte elektrische Energie aus Windenergie und Solarstrahlung, das über die Landesgrenzen eingeführte Erdgas oder

---

* Autoren in alphabetischer Reihenfolge.

die im Wald eingeschlagene feste Biomasse, die als biogener Festbrennstoff genutzt wird, verstanden werden. Abb. 2.1 zeigt die Entwicklung des entsprechenden Primärenergieverbrauchs in Deutschland seit 2015.

Die Entwicklung des Primärenergieverbrauchs wird durch eine Vielzahl an Faktoren beeinflusst. Dazu gehören u. a. die wirtschaftliche Entwicklung (d. h. die aktuelle konjunkturelle Situation), die aktuellen Witterungsverhältnisse (Wärme- und/oder Kältenachfrage), Rohstoff- und Energiepreise an den globalen Märkten sowie Importstrukturen und regulatorische Einflüsse (u. a. Steuern und Subventionen) [21]. Hinzu kommen staatliche Maßnahmen zum Klimaschutz. Weiterhin wird die Primärenergienachfrage mittelfristig von laufenden langjährigen Veränderungen im Energiesystem (z. B. Ersatz von Glühlampen durch LED-Leuchtmittel, Ersatz des Verbrennungsmotors durch einen Elektromotor beim Pkw) beeinflusst. Infolge derartiger Einflussgrößen bzw. deren Entwicklung ist der Primärenergieverbrauch in Deutschland seit 2017 tendenziell rückläufig (Abb. 2.1).

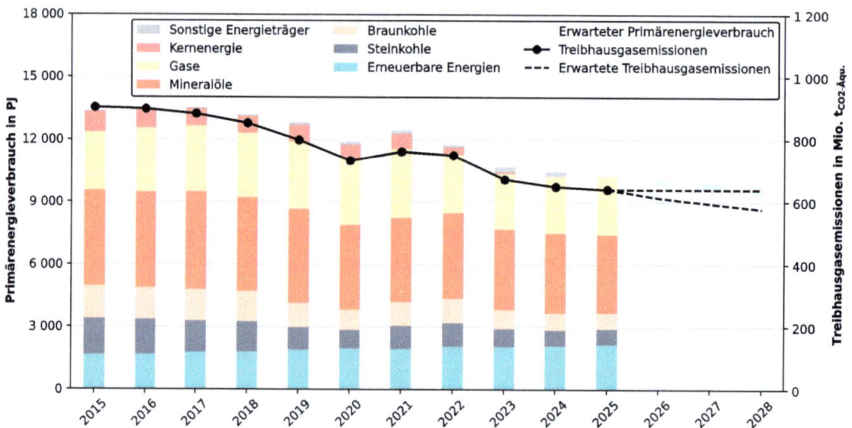

Abb. 2.1 Entwicklung des Primärenergieverbrauchs in Deutschland nach Energieträgern [22, 23].

Bei der Analyse des Primärenergieverbrauchs in den letzten Jahren zeigt sich der starke Einfluss der Witterung. So ist bis zum Jahr 2024 ein deutlicher Rückgang des Primärenergieverbrauchs zu erkennen. Im Vergleich zu 2024 sank der Primärenergieverbrauch im Jahr 2025 jedoch lediglich um rund 0,1 %. Diese Entwicklung ist u. a. dadurch zu erklären, dass die heizintensiven Monate Februar, März und Oktober deutlich kälter waren als in den Vorjahren. Ebenfalls unterstützt wurde diese entgegen des bisherigen Trends deutlich werdende Entwicklung eines kaum gefallenen Primärenergieverbrauchs im Jahr 2025 durch die sinkenden Preise für Kraftstoffe, Heizöl und Erdgas. Demgegenüber dürfte die anhaltend schwache, aber leicht positive, konjunkturelle Entwicklung in Deutschland nur einen geringeren Einfluss auf den Trend einer leichten Reduktion des Primärenergieverbrauchs genommen haben. Beispielsweise wurde trotz leicht positiver Konjunktur die Produktion energieintensiver

Industriezweige im Jahr 2025 weiter zurückgefahren; alleine in der Chemieindustrie reduzierte sich der Mineralöl-Verbrauch um 2,2 % [23].

Den verbrauchssteigernden Einflüssen wirkte die Bevölkerungsentwicklung in Deutschland entgegen. Seit dem Jahr 2020 — dem ersten Jahr der Corona-Pandemie — sank die Bevölkerungszahl 2025 das erste Mal – wenn auch um lediglich 0,1 % [24]. Insgesamt resultiert aus diesen teilweise konträren Einflüssen eine weitgehende Stagnation des Primärenergieverbrauchs im Jahre 2025.

Begleitet wird diese Verbrauchsstagnation durch eine geringfügige Verschiebung der eingesetzten Energieträger. Den größten Anteil am Primärenergieverbrauch hatten im Jahr 2025 weiterhin Mineralöle mit 35,7 % (2,2 % weniger als 2024) und Erdgas mit 26,9 % (3,6 % mehr als 2024). Der Anteil von Stein- und Braunkohle am Primärenergieverbrauch bleibt, trotz Rückgang des Gesamtkohleverbrauchs um 4,3 % [21], unverändert bei je 7 % [23]. Aufgrund des deutschen Ausstiegs aus der Kernenergie trug diese Form der Energiebereitstellung seit April 2023 nicht mehr unmittelbar zur Energieversorgung in Deutschland bei.

Der Anteil erneuerbarer Energien am Primärenergieverbrauch stieg im Vergleich zum Vorjahr um 3,6 % auf nun 20,6 % [23]. Der größte Zuwachs des Einsatzes erneuerbarer Energien wurde im Jahr 2025 dabei im Wärmemarkt erzielt (8 %). Im Verkehr stieg der Anteil der regenerativen Energien um 6 % [21]. Dieser zunehmende Einsatz des erneuerbaren Energieangebots von u. a. Windenergie und Solarstrahlung führt – durch statistische Effekte – ebenfalls zu einem bilanziell verringerten Primärenergieverbrauch. Bei Energieträgern (z. B. Steinkohle, Erdgas, biogene Festbrennstoffe) geht der Heizwert in die Berechnung der Primärenergie ein, während bei der Solarenergie-, der Wasserkraft- und der Windenergienutzung definitionsgemäß nur die eingespeiste Strommenge bilanziell in der Energiebilanz erfasst wird. Daraus folgt, dass nicht der genutzte Brennstoff / Energieträger (z. B. Windenergie, Solarstrahlung, Wasserkraft), sondern die daraus bereitstellbare Sekundärenergie (hier: elektrische Energie) als Primärenergie in der deutschen Energiebilanz berücksichtigt wird. Dadurch werden bei der Nutzung der genannten erneuerbaren Energien keine Umwandlungsverluste bzw. -effizienzen berücksichtigt, wie dies beispielsweise bei der Verstromung von Stein- oder Braunkohle bzw. fester Biomasse der Fall ist [21]. Die unmittelbare Folge dieser Konvention ist, dass der Primärenergieverbrauch mit einem steigenden Anteil an erneuerbaren Energien zur Stromerzeugung, auch bei unverändert bereitgestellter Strommenge, sinkt; d. h. bilanziell geht der Primärenergieeinsatz in Deutschland zurück, während die den Verbrauchern zur Verfügung stehende (elektrische) Energie leicht zunehmen kann. Auch macht sich im deutschen Energiesystem eine zunehmende Elektrifizierung, u. a. durch den Einsatz von Wärmepumpen und Elektrofahrzeugen bei den Haushaltsverbrauchern und eine ansteigende Elektrifizierung bestimmter Prozesse in der Industrie, bemerkbar, die insgesamt zu einer verbesserten Energieeffizienz der gesamten deutschen Volkswirtschaft beiträgt (elektrische Energie kann i. Allg. – im Vergleich zu anderen Energieträgern – sehr effizient in die jeweilige Energiedienstleistung umgewandelt werden) [25].

Trotz des fortlaufenden Ausbaus erneuerbarer Energien ist Deutschland weiterhin abhängig von fossilen Energieimporten; so importierte Deutschland auch im Jahr

2025 Primärenergieträger in Form von vor allem Mineralölen, Erdgasen und Steinkohlen. Der Import von Flüssiggas per Schiff, welches zu 95 % aus den USA stammt, ist dabei signifikant gestiegen. Das ist z. T. dadurch begründet, dass Deutschland zunehmend Gas an seine Nachbarländer wie Österreich, Tschechien und die Schweiz exportiert (d. h. Durchleitung) [21].

Diese Entwicklungen bzw. Veränderungen des Primärenergieverbrauchs im Jahr 2025 spiegeln sich in den Treibhausgasemissionen wider. In Deutschland entstehen ca. 84 % der Treibhausgasemissionen bei der Verbrennung fossiler Energieträger zur Strom- und Wärmeerzeugung sowie im Verkehrssektor (2023) [26]. Demnach führen eine weitgehende Stagnation des Primärenergieverbrauchs im Jahr 2025 sowie der fortlaufende Ausbau der Nutzung des erneuerbaren Energieangebots zu einer leichten Abnahme der Klimagasemissionen um 1,5 % auf 640 Mio. t CO_2-Äqu. gegenüber dem Vorjahr. Im Jahr 2024 sanken die Emissionen an Klimagasen noch um 3 % [21].

Im Jahr 2023 hat der Gesetzgeber im Zuge des Energieeffizienzgesetzes eine Reduktion des Primärenergieverbrauchs von 39,3 % bis 2030 im Vergleich zum Verbrauch des Jahres 2008 (3 889,7 TWh / 14 003 PJ) beschlossen. Aufgrund der seit 2022 abflachenden Abnahme des Primärenergieverbrauchs ist es durchaus wahrscheinlich, dass sich die Stagnation im Jahr 2025 in den folgenden Jahren fortsetzen wird. Bei Betrachtung der letzten fünf Jahre zeigt der Trend eine fortlaufende Reduktion. Unter der Annahme eines linearen Rückgangs sowie der Möglichkeit einer fortlaufenden Stagnation des Primärenergieverbrauchs wird basierend auf dem Primärenergieverbrauch der letzten fünf Jahre für das Jahr 2028 ein Primärenergieverbrauch zwischen 2 575 und 2 753,6 TWh / 9 270 und 9 913 PJ erwartet (Abb. 2.1). Dies entspricht einer Reduktion von 29 bis 34 %. Mithilfe der bisher implementierten Maßnahmen ist demnach lediglich eine Reduktion des Primärenergieverbrauchs von maximal 37 % auf rund 2 422,2 TWh / 8 720 PJ bis zum Jahr 2030 zu erwarten; das oben genannte Reduktionsziel würde damit verfehlt werden. Aber auch andere Untersuchungen erwarten eine vergleichbare Entwicklung des Primärenergieverbrauchs mit einer Reduktion um ca. 36 % auf rund 2 500 TWh / 9 000 PJ bis zum Jahr 2030 [27]. Dabei wird sich der Anteil erneuerbarer Energien am Primärenergieverbrauch bis 2030 voraussichtlich weiterhin erhöhen. Mineralöle und fossile Gase werden in den nächsten Jahren einen weiterhin hohen, aber potenziell leicht rückläufigen oder näherungsweise konstanten Anteil zur Deckung des Primärenergieverbrauchs in Deutschland beitragen; demgegenüber wird die Bedeutung von Braun- und Steinkohle als Primärenergieträger im Zuge des gesetzlich geregelten Kohleausstiegs bis 2038 bereits bis 2030 stetig abnehmen [28].

Insgesamt wird damit, trotz einer reduzierten Nutzung der fossilen Energieträger und einer weiter steigenden Bedeutung des Beitrags der erneuerbaren Energien, Deutschland das anvisierte Primärenergie-Ziel für das Jahr 2030 nicht erreichen können, wenn keine weitergehenden Maßnahmen beschlossen werden.

Darüber hinaus hat die deutsche Bundesregierung im Jahr 2022 eine Verschärfung des Klimaschutzgesetzes vorgenommen und sich zum Ziel gesetzt, bis zum Jahr 2030 die Treibhausgasemissionen im Vergleich zum Basisjahr 1990 um 65 % zu reduzieren. Bis zum Jahr 2045 strebt Deutschland eine vollständige Netto-

Treibhausgasneutralität an [29]. Während zu Beginn des Jahres 2025 noch eine Einhaltung dieser Ziele prognostiziert wurde, wird im letzten Entwurf des Klimaschutzprogramms 2026 des Umweltministeriums eine Reduktion der Emissionen um 63 % bis 2030 berechnet [30]. Das ist ein Resultat der schrumpfenden jährlichen Emissionseinsparungen. Um das Minderungsziel trotzdem noch zu erreichen, müsste Deutschland ab dem Jahr 2026 jährlich 36 Mio. t CO_2-Äqu. einsparen; dies entspricht jährlich 10 Mio. t CO_2-Äqu. mehr als im Durchschnitt der letzten 6 Jahre [21]. Auch hier wird also die Notwendigkeit weitergehender Maßnahmen zur Reduktion der Treibhausgasemissionen und somit des Primärenergieverbrauchs sichtbar.

Eine solche Maßnahme könnte die Umsetzung der EU-Gebäuderichtline sein, welche bis Mai 2026 umgesetzt werden muss. Diese Richtline legt fest, dass die Primärenergienachfrage des Gebäudebestandes bis 2030 um 16 % und bis 2035 um 20 bis 22 % reduziert werden soll [21]. Ausgehend von den bisher bekannt gewordenen Eckpunkten der geplanten Novellierung des „Heizungsgesetzes" (d. h. Gebäudeenergiegesetz (GEG)) ist eine derartige Entwicklung aber unwahrscheinlich. Gemeinsam mit weiteren Maßnahmen könnte so ein Rahmen geschaffen werden, der es Deutschland ermöglicht, die gesetzten Ziele einzuhalten.

2.2 Stromerzeugung

Die installierte Stromerzeugungskapazität in Deutschland ist im Jahr 2025 weiter angestiegen und erreichte zum Jahresende gut 284 GW. Der Ausbau von Anlagen zur Nutzung des erneuerbaren Energieangebots setzte sich mit hoher Intensität fort; dabei trug insbesondere die Photovoltaik einen signifikanten Anteil zum realisierten Kapazitätszuwachs bei [31]. Trotz vereinzelter politischer Bestrebungen über eine mögliche Neubewertung der Kernenergie blieb die installierte Leistung aus den deutschen Kernkraftwerken unverändert bei null. Der gesetzlich festgelegte Ausstieg aus dieser Technologie wurde weiterhin umgesetzt, sodass der wachsende Anteil erneuerbarer Energien eine zentrale Rolle in der deutschen Stromerzeugung einnimmt.

Ausgehend von der installierten elektrischen Leistung (Abb. 2.2) wurden in Deutschland im Jahr 2025 insgesamt 506,9 TWh Strom (brutto) erzeugt (Abb. 2.3). Das entspricht einem Anstieg von 1,8 % im Vergleich zum Vorjahr (497,9 TWh).

Der Anteil der Nutzung erneuerbarer Energien an der Bruttostromerzeugung erreichte mit 290 TWh etwa 57 %. Dieser im Vergleich zum Jahr 2024 nahezu unveränderte Wert ist maßgeblich auf die insgesamt niedrigere relative Stromerzeugung aus erneuerbaren Energien im Jahr 2025 zurückzuführen. Im vergangenen Jahr 2025 ergaben sich wetterbedingt weniger Jahresvolllaststunden bei einer Windenergie-, Solarstrahlungs- und Wasserkraftnutzung; nichtsdestotrotz wurde im Jahr 2025 absolut mehr elektrische Energie aus erneuerbaren Energien bereitgestellt als in den Jahren zuvor.

Konkret stellte sich die Nutzung der erneuerbaren Energien wie folgt dar.

- Bei der absoluten Zunahme der Stromerzeugung aus erneuerbaren Energien im Jahr 2025 verzeichnete insbesondere die Photovoltaik, wie bereits im Vorjahr,

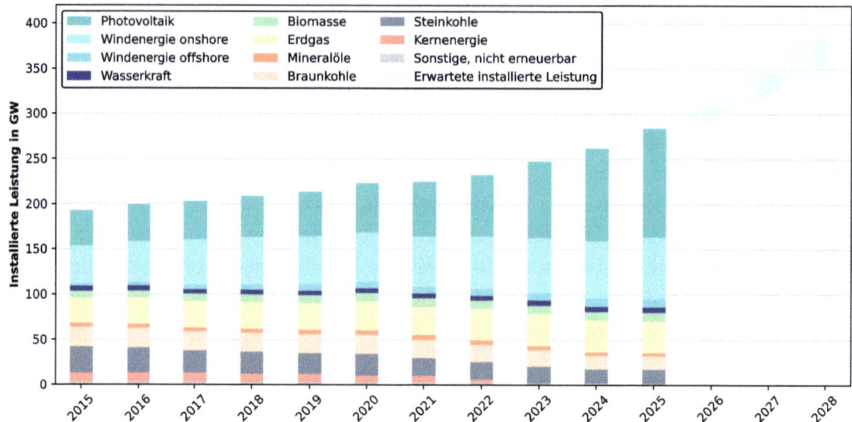

Abb. 2.2 Entwicklung der installierten Nettoleistung zur Stromerzeugung in Deutschland [31].

den stärksten Zuwachs. Mit einer Stromeinspeisung in Deutschland von 71 TWh (Bruttostromerzeugung 92 TWh) stieg die Erzeugung um 21 % im Vergleich zum Vorjahresniveau. Dieser Anstieg ist vor allem auf den rasanten Ausbau der PV-Kapazitäten in den letzten Jahren zurückzuführen (Abb. 2.2).

- Die Windenergie trug mit insgesamt 134 TWh zur Stromnachfragedeckung in Deutschland bei; davon stammten 107 TWh aus Onshore- und 27 TWh aus Offshore-Windenergieanlagen. Innerhalb der Nutzung erneuerbarer Energien ist die Windenergie mit einem Anteil von 26 % an der gesamten Stromerzeugung damit erneut die bedeutendste Option zur Erzeugung „grünen" Stroms. Insgesamt verzeichnete sie jedoch einen leichten Rückgang um 4,4 % im Vergleich zum Jahr 2024. Grund für diese geringere Erzeugung elektrischer Energie sind ungünstigere Windbedingungen; die installierte Leistung stieg nämlich im letzten Jahr um 5,2 GW auf 77,9 GW.
- Die Stromerzeugung aus Wasserkraft verzeichnete 2025 einen Rückgang um 24,8 % im Vergleich zu 2024; sie lag damit bei 16,9 TWh. Dies ist vor allem durch die insgesamt gesunkenen Abflussmengen bedingt, da die installierten elektrischen Anlagenleistungen seit Jahren nahezu unverändert sind.
- Die Stromerzeugung aus Biomasse betrug 2025 47,8 TWh und die dafür installierte Leistung lag bei rund 9,7 GW; dabei stammt ein Teil aus der Nutzung fester Biomasse in entsprechenden Feuerungsanlagen, ein kleiner Teil aus der Verstromung flüssiger Biokraftstoffe und der andere Teil aus einer Biogas-, Klärgas-, Deponiegas- bzw. Biomethanverstromung. Während die erzeugte Strommenge um knapp 4 % zurückging, stieg die installierte Leistung im Vergleich zum Vorjahr minimal an.
- Die Geothermie spielte mit 0,2 TWh weiterhin eine sehr untergeordnete Rolle.

Aus fossilen Energieträgern wurden im Jahr 2025 brutto 217 TWh an Strom bereitgestellt. Lediglich bei der Braunkohleverstromung gab es einen leichten Rückgang um 4,6 % auf 75,2 TWh. Die Bereitstellung elektrischer Energie aus Steinkohle stieg um 10,4 % auf 29,7 TWh an und die aus Erdgas um 4,0 % auf 64,9 TWh. Die installierte Kraftwerksleistung war allerdings bei allen fossilen Energieträgern leicht rückläufig [32].

An Tagen mit überdurchschnittlich hohen Windgeschwindigkeiten gibt es tendenziell ein geringeres Solarstrahlungsangebot und umgekehrt. Kommt sowohl (sehr) wenig Windenergie als auch keine (sehr wenig) Sonnenstrahlung vor, spricht man von sogenannten Dunkelflauten. Eine genaue Definition hierfür gibt es nicht. Eine gute relative Vergleichbarkeit bietet allerdings die Betrachtung der Schnittmenge der jeweils ersten Quartile von Stromerzeugung aus Windenergiewerken und Photovoltaik-Anlagen. Für das Jahr 2025 ergaben sich dabei insgesamt 19 Tage, an denen die Stromausbeute entsprechend niedrig war. Davon entfielen 6 Tage auf den Januar, 3 Tage auf den Februar und die restlichen 10 Tage auf das vierte Quartal des Jahres 2025. In den beiden Vorjahren gab es insgesamt je 12 bzw. 14 Tage, in denen diese ungünstige Konstellation gegeben war [33].

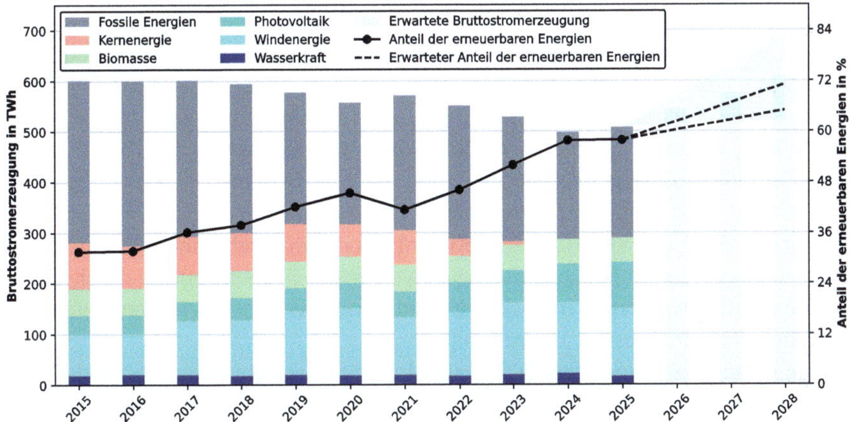

Abb. 2.3 Entwicklung der Bruttostromerzeugung in Deutschland [34, 35].

Der Stromhandel zwischen Deutschland und seinen Nachbarn blieb auch im Jahr 2025 auf einem hohen Niveau. Deutschland importierte insgesamt 76,2 TWh an elektrischer Energie, von der rund die Hälfte (55 %) aus erneuerbaren Quellen stammte. Gleichzeitig wurden 59,5 TWh exportiert; hierbei lag der Anteil erneuerbarer Energien mit 63 % noch höher. Insgesamt belief sich der daraus resultierende Importsaldo auf 17 TWh; das entspricht einer Verringerung um 28 % gegenüber dem Vorjahr [35, 36].

Obwohl die Einspeisung von Strom aus fluktuierender Quellen in das deutsche Stromversorgungssystem im Jahr 2025 im Vergleich zu den Vorjahren weiter zugenommen hat, ist die durchschnittliche Versorgungsunterbrechung je angeschlossenem Letztverbraucher innerhalb eines Kalenderjahres (SAIDI$_{EnWG}$ System Average Interruption Duration Index) in den letzten Jahren weitgehend gleich geblieben. In dem Niederspannungsnetz lag die durchschnittliche Ausfalldauer im Jahr 2024 bei 2,43 min (Bandbreite in den Jahren 2014 bis 2024 zwischen 2,1 und 2,5 min) und im Mittelspannungsnetz bei 10,2 min (Bandbreite in den Jahren 2014 bis 2024 zwischen 8,62 und 12,92 min). Damit befindet sich Deutschland im europäischen Vergleich im Spitzenfeld [37].

Insgesamt befindet sich der klima- und energiepolitisch angestrebte Anteil erneuerbarer Energien zur Stromerzeugung in Deutschland weiterhin auf einem Zielpfad. Im Jahr 2025 haben die erneuerbaren Energien mit einem Anteil von 57,9 % an der Bruttostromerzeugung den bisher höchsten Wert erzielt. Dieser Anstieg ist allerdings, verglichen mit den Vorjahren, eher gering [36]. Grund dafür sind vor allem witterungsbedingt geringere Windausbeuten sowie weniger Sonnentage, aber auch eine netzdienlichere Ausrichtung neuer PV-Anlagen, die den spezifischen Ertrag senkt [38]. Die Frage bleibt damit offen, ob das anvisierte Ausbauziel von 80 % Stromerzeugung aus erneuerbaren Energien bis zum Jahr 2030 erreicht werden kann [39].

Zwischen 2026 und 2028 wird die installierte Stromerzeugungskapazität in Deutschland weiter wachsen; dies gilt insbesondere im Bereich der erneuerbaren Energien. Die installierte Leistung der EEG-geförderten Anlagen könnte – eine ungestörte Entwicklung unterstellt – von 224 GW Ende 2026 auf 285 GW Ende 2028 ansteigen. Dieser Ausbau dürfte vor allem durch Photovoltaik (PV) und Windenergie erfolgen. Die gesamte PV-Kapazität könnte von 134 GW (2026) auf 174 GW (2028) anwachsen, während die installierte Windenergie-Leistung von 88 GW (2026) auf 106 GW (2027) ansteigt [40].

Im Jahr 2025 stieg die Stromnachfrage in Deutschland mit rund 0,5 % nur moderat an. Für den Zeitraum von 2026 bis 2030 wird jedoch ein durchschnittliches jährliches Wachstum von über 2,5 % erwartet; dies wird hauptsächlich bedingt durch die zunehmende Elektrifizierung im Gebäude- und Verkehrssektor sowie eine schrittweise Erholung energieintensiver Industrien [41].

Die Bundesregierung plant 2026 außerdem die Ausschreibung von rund 12 GW neuen Gaskraftwerken, um die Versorgungssicherheit und Systemstabilität in einem zunehmend durch die Nutzung erneuerbarer und fluktuierender Energien geprägten Stromsystem zu gewährleisten [41].

2.3 Wärmebereitstellung

Die Wärmenachfrage in Deutschland war in den letzten Jahren weitestgehend konstant und lag zwischen 1 190 TWh / 4 284 PJ im Jahr 2024 und 1 392 TWh / 5 011 PJ im Jahr 2021 [25]. Abb. 2.4 zeigt die nachgefragte thermische Energie in Deutschland in den letzten 10 Jahren einschließlich deren Bereitstellung nach Energieträgern. Für das Jahr 2025 wird aufgrund des leicht ansteigenden Gas- und Fernwärmeverbrauchs infolge der kühleren Witterung und der geringeren Temperaturen in der Heizperiode [36] sowie einer vergleichbaren Wärmebereitstellung aus erneuerbaren Energien [42] eine mit dem Jahr 2024 vergleichbare Gesamtwärmenachfrage zwischen 1 194,4 und

1 222,2 TWh / 4 300 und 4 400 PJ erwartet. Dies fällt mit vergleichsweise gleichbleibenden Erdgaspreisen gegenüber dem Vorjahr [43] und einem insgesamt leicht
steigenden Bruttoinlandsprodukt (schwache Konjunktur) [44] zusammen.

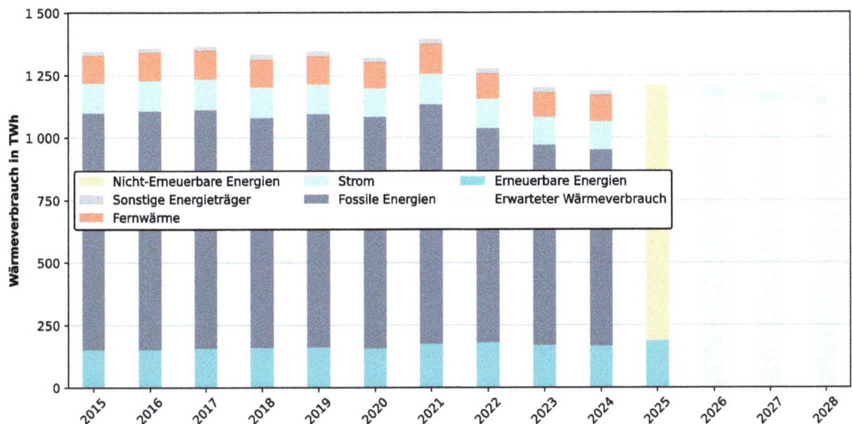

Abb. 2.4 Entwicklung des Wärmeverbrauchs in Deutschland nach Energieträgern (Daten nach
[25, 35, 42], das Jahr 2025 basiert auf eigenen Berechnungen und Annahmen).

Dabei kann die Heizwärmenachfrage an einem spezifischen Ort über die Gradtagzahl bzw. die Gradtage abgeschätzt werden. Diese Kenngröße setzt die tägliche
durchschnittliche Außentemperatur während der Heizperiode vor Ort ins Verhältnis
zu der mittleren Raumtemperatur. Damit kann die mittlere Heizwärmenachfrage aus
den täglichen mittleren Temperaturdaten eines Jahres ermittelt werden. Hierfür wird
die Gradtagzahl aus der Summe der Differenzen zwischen einer durchschnittlichen
Raumtemperatur von z. B. 20 °C und der mittleren Außentemperatur jedes Heiztages
bestimmt. Als Heiztag gilt jeder Tag mit einer durchschnittlichen Außentemperatur
unterhalb der Heizgrenztemperatur bzw. Grundtemperatur von beispielsweise 15 °C
[45].

Im Mittel ist die Gradtagzahl seit den 1990er Jahren rückläufig. Dies wird aus
Abb 2.5 deutlich, die den Verlauf der Gradtagzahlen von 2005 bis 2025 zeigt. Im
Jahr 2024 erreichte die Gradtagzahl demnach einen neuen Tiefststand von 3 021.
Demgegenüber stieg die Gradtagzahl im Jahr 2025 auf 3 319 und erreichte damit den
höchsten Wert seit 2021. Seit dem Jahr 2017 überschritt lediglich 2021 die mittlere
Gradtagzahl seit 2005 mit 3 393 [36].

Wie in den vergangenen Jahren wurde auch im Jahr 2025 thermische Energie in
Deutschland mehrheitlich aus fossilen Energieträgern bereitgestellt. Dabei ist insbesondere Erdgas nach wie vor der wichtigste Energieträger. Im Jahr 2024 wurde
Erdgas für die Bereitstellung von rund 44 % der genutzten Wärme verwendet [25]
und für 2025 wird witterungsbedingt ein leichter Anstieg von 3 bis 4 % erwartet [36].
Der Anteil der erneuerbaren Energien ist 2025 um 0,9 % [42] auf 187 TWh / 673 PJ
gegenüber dem Vorjahr gestiegen und liegt damit über dem bisherigen Höchstwert

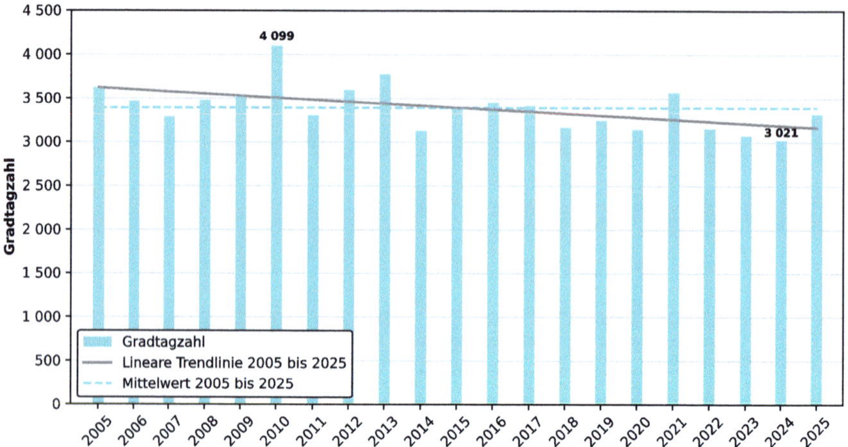

Abb. 2.5 Entwicklung der Gradtagzahlen in Deutschland [36].

von 182 TWh / 655 PJ im Jahr 2022. Bei dem Beitrag erneuerbarer Energien zur Wärmenachfragedeckung stammten 2025 83 % aus biogenen Quellen. Davon wiederum resultiert der Großteil aus fester Biomasse (d. h. biogene Festbrennstoffe) [42] und die verbleibenden 17 % werden zu etwa drei Vierteln aus Geothermie und Umweltwärme sowie zu einem Viertel aus Solarthermie bereitgestellt.

Die Nutzung von Fernwärme ist 2025 im Vergleich zum Vorjahr mit 123 TWh / 405 PJ [42] um ca. 3 % gestiegen. Damit werden in Deutschland etwa 10 % der Gesamtwärmenachfrage durch Fernwärme gedeckt. Mit 20,8 % liegt der Anteil an erneuerbaren Energien an der Fernwärmeerzeugung über dem erneuerbaren Anteil an der Gesamtwärmebereitstellung. Hauptquelle ist auch hier Biomasse mit über 90 % der aus erneuerbaren Energien erzeugten Fernwärme. Dabei handelt es sich insbesondere in den Metropolregionen mit den dort vorhandenen Fernwärmenetzen häufig um Wärme aus dem biogenen Anteil der eingesammelten Siedlungsabfälle, die in entsprechenden Müllheizkraftwerken in Kraft-Wärme-Kopplung energetisch genutzt werden. Insgesamt macht der biogene Anteil an den insgesamt thermisch zur Wärmebereitstellung genutzten Siedlungsabfällen 41 % der aus erneuerbaren Energien erzeugten Fernwärme aus.

Der nur begrenzt zunehmende Anteil der Nachfragedeckung durch Wärme aus erneuerbaren Energien spiegelt sich in allen drei Sektoren wider. Von 2019 bis 2024 stieg in der Industrie der Anteil an Wärme aus erneuerbaren Ressourcen von 6 % auf 7 %, in den Haushalten (die etwa die Hälfte der gesamten Wärme in Deutschland nachfragen) von 16 % auf 17 % und im GHD-Sektor (Gewerbe-, Handel- und Dienstleistungen) von 17 % auf 20 % [25].

Abb. 2.6 zeigt die Anteile der unterschiedlichen Heizungstechnologien von Wohn- und Nicht-Wohngebäuden im Bestand und in Neubauten. Im Jahr 2025 wurden demnach 67,2 % der Neubauten mit einer Wärmepumpe ausgestattet. Dies entspricht einem Anstieg von 2 %-Punkten im Vergleich zum Vorjahr und mehr als einer

Verdreifachung seit 2015. Der Anteil neuer Fernwärmeheizungsanschlüsse war im Verlauf der letzten 10 Jahre nahezu konstant und lag 2025 bei 22,8 % der Heizungen im Neubau. Feuerungen für biogene Festbrennstoffe wurden in den letzten beiden Jahren im Vergleich zu den Vorjahren weniger eingebaut; ihr Anteil lag 2025 auf einem gleichbleibenden Niveau zum Vorjahr bei 2,7 %. Nur noch 3,7 % der Heizungen im Neubau verwenden Erdgas, während Heizöl mittlerweile vollständig entfällt.

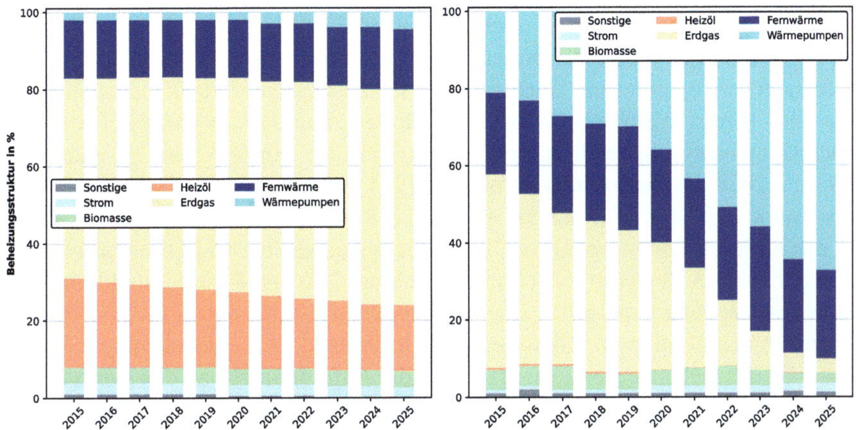

Abb. 2.6 Entwicklung der Anteile der Heizungstechnologien im Bestand (links) und bei Neubauten (rechts) von Wohn- und Nicht-Wohngebäuden [36, 46].

Der deutliche Anstieg an Wärmepumpen im Neubau zeigt sich bisher jedoch nur sehr eingeschränkt im Heizungsbestand. Wie im Vorjahr machen sie 2025 nur rund 4,6 % der installierten Heizungen aus. Der Anteil an Fernwärmehausanschlüssen blieb konstant im Vergleich zum Vorjahr mit 15,5 %, ebenso konstant blieb der Anteil an Biomasse- und Stromheizungen bei 4,1 % und 2,5 %. Ölheizungen sind weiterhin leicht rückläufig und sanken von einem Anteil von 23,1 % im Jahr 2015 auf einen neuen Tiefstwert von 17,3 % im Jahr 2025. Allerdings wurde ihr Anteil mehr als zur Hälfte von Gasheizungen übernommen, deren Anteil im gleichen Zeitraum von 52,4 % auf 56,1 % anstieg. Damit dominieren nach wie vor Öl- und Gasheizungen den Gesamtwärmeerzeugerabsatz. Wärmepumpen haben im Jahr 2025 erstmals Gaskessel im Absatzmarkt der verkauften Wärmeerzeuger überholt. Gegenüber dem Vorjahr stieg der Anteil der verkauften Wärmepumpen von rund 27 % auf 46 %. Fossile Wärmeerzeuger auf Basis von Öl und Gas hatten im Vergleich zum Vorjahr einen Rückgang von 70 % auf ca. 45 %. Insgesamt ist der Absatzmarkt für Wärmeerzeuger seit 2023 rückläufig und sank von 1 048 000 Stück im Jahr 2023 auf 644 000 Stück im Jahr 2025. Dies ist vermutlich eine Folge der medialen Verunsicherung der Bevölkerung infolge der öffentlichen Diskussionen um das Gebäudeenergiegesetz sowie durch die politische Unsicherheit hinsichtlich der angekündigten Reform. Trotz dieser Entwicklungen und der wenig stringenten energie- und klimapolitischen Rahmensetzung stieg der Absatz an Wärmepumpen dennoch im Jahr 2025 um 107 000 Stück (+55 %) im Vergleich zum Vorjahr an [21].

Mit der im Jahr 2024 in Kraft getretenen Neuauflage des Gebäudeenergiegesetzes müssen alle neu in Betrieb genommenen Heizungsanlagen zu mindestens 65 % aus erneuerbaren Energien oder unvermeidbarer Abwärme gespeist werden [47]. Fernwärmeanschlüsse und strombasierte Heizungsanlagen gelten dabei unabhängig vom Ursprung der genutzten Wärme bzw. des genutzten Stroms als erneuerbar. In der Praxis bedeutet dies, dass kaum Öl- und Gasheizungen mehr neu in Betrieb genommen werden können, da nicht zu erwarten ist, dass diese in naher Zukunft zu 65 % aus erneuerbaren Energien versorgt werden können. Allerdings sieht das Gebäudeenergiegesetz eine Übergangsfrist für Bestandsgebäude in Gemeinden vor, die noch keinen Wärmeplan nach dem Wärmeplanungsgesetz erarbeitet haben. Je nach Gemeindegröße reicht diese Übergangsfrist bis zum 30. Juni 2026 oder zum 30. Juni 2028. Da bisher nur Wärmepläne für 1 033 von ca. 11 000 Gemeinden mit insgesamt 19,6 Mio. Einwohnern vorliegen [48], kann die Mehrheit der Deutschen in den nächsten Jahren weiterhin Öl- und Gasheizungen neu in Betrieb nehmen.

Im Zuge des Regierungswechsels im Februar 2025 ist die zentrale klimapolitische Fragestellung hinsichtlich eines erfolgreichen Klimaschutzes im Wärmesektor erneut in den politischen Fokus gerückt. Gegenstand ist die angekündigte Reform des § 71 des Gebäudeenergiegesetzes, der die Anforderungen an den Einbau neuer Heizungsanlagen regelt. Im Zentrum ist die Frage, ob die 65 %-Vorgabe bestehen bleibt. Das Eckpunktepapier zum neuen „Gebäudemodernisierungsgesetz" der jetzigen Bundesregierung sieht vor, Gas- und Ölheizungen auch künftig zuzulassen und ab dem Jahr 2029 einen verbindlichen Anteil biogener bzw. erneuerbarer Brennstoffe im Heizöl und im Erdgas einzuführen [49]. Nach dieser Absichtserklärung der Regierungsparteien soll die 65 %-Vorgabe gekippt werden.

Seit dem ersten Inkrafttreten des Gebäudeenergiegesetzes im Jahr 2020 und der damit verbundenen Austauschpflicht für Heizungsanlagen nach 30 Jahren wurden im Jahr durchschnittlich 860 000 Wärmeerzeuger verkauft [21]. Bei aktuell etwa 33 Mio. Wärmeerzeugern in Deutschland (ohne Wärmepumpen) [50] ist folglich damit zu rechnen, dass bis Ende 2028 etwa jede zehnte Heizungsanlage in Deutschland erneuert wird.

Laut einer Absichtserklärung des Bundesministeriums für Wirtschaft und Energie (BMWE) sollen bis 2030 jährlich 100 000 Wohngebäude zusätzlich an Fernwärmenetze angeschlossen werden [51]. Dies entspräche bis Ende 2028 einem Anstieg um fast 40 % im Vergleich zu den 1,3 Mio. im Jahr 2023 angeschlossenen Gebäuden [52]. Dann könnten Fernwärmeanschlüsse im Jahr 2028 ca. 9 % des Wohngebäudebestandes versorgen. Insgesamt ist folglich damit zu rechnen, dass Heizungsanlagen mit erneuerbaren Energien und Fernwärmeanschlüssen im Jahr 2028 knapp ein Drittel der Heizungen im Wohnungsbestand ausmachen könnten.

Laut der dritten Fassung der Erneuerbare Energien Richtlinie (RED III) der EU sollen erneuerbare Energien in jedem Mitgliedsland bis 2030 mindestens 49 % der Endenergienachfrage in Gebäuden bereitstellen [53]. Zusätzlich sind die EU-Mitgliedstaaten verpflichtet, die Richtlinie über die Gesamtenergieeffizienz von Gebäuden bis Ende Mai 2026 in nationales Recht umzusetzen. Diese sieht vor, den durchschnittlichen Primärenergieverbrauch des gesamten Wohngebäudebestandes bis 2030 gegenüber 2020 um mindestens 16 % zu senken [54]. Mit Blick auf die niedrige Austauschrate von Heizungsanlagen und einem anzunehmenden Anteil von 70 % fossiler Energieträger an der Fernwärmeversorgung [36] sowie einer niedrigen Wohngebäude-Sanierungsrate von 0,67 % pro Jahr [55] ist derzeit nicht zu erwarten, dass Deutschland diese Ziele realistischerweise erreichen kann.

In den kommenden Jahren dürfte die Wärmenachfrage leicht rückläufig sein bzw. weitgehend stagnieren. Ausschlaggebend hierfür ist nicht die weitgehend konstante Wärmenachfrage der Industrie, sondern die bis 2030 erwartete Reduktion der Wärmenachfrage im Gebäudesektor um rund 8 % [56]. Die leichte Verringerung gegenüber der derzeitigen Situation ist mit einer langsamen Effizienzsteigerung im Zuge von neu eingebauten Heizungsanlagen (Abb. 2.6) sowie einer geringen, aber fortschreitenden energetischen Gebäudesanierung im Bestand zu erklären. Auf dieser Grundlage und unter Berücksichtigung der vorangegangenen 10-Jahresentwicklung des Wärmeverbrauchs (Abb. 2.4) ist im Jahr 2028 eine Wärmenachfrage in Höhe von 1 130 TWh / 4 068 PJ bis 1 200 TWh / 4 320 PJ zu erwarten.

2.4 Mobilität

Der Mobilitätssektor unterteilt sich in die Teilsektoren des straßengebundenen Verkehrs, des Schienenverkehrs, der Binnenschifffahrt sowie den Luft- und Seeverkehr. Die im Verkehrssektor erbrachte „Dienstleistung" wird in der Regel als Transportleistung bemessen, im Bereich des Personenverkehrs als Personenkilometer (Pkm) und im Bereich des Güterverkehrs als Tonnenkilometer (tkm). Zur Erbringung dieser Transportdienstleistung ist Energie notwendig, die heute noch hauptsächlich in Form von flüssigen Kraftstoffen fossiler Herkunft wie Benzin oder Diesel verfügbar gemacht wird. Die Energienachfrage des Verkehrssektors teilt sich dabei im Verhältnis 2,5 : 1 auf den Personenverkehr und den Güterverkehr auf [57]. Aktuell nutzt der Verkehrssektor erneuerbare Energie vor allem in Form einer Beimischung erneuerbarer (Bio-)Kraftstoffe zu fossilen Kraftstoffen im Straßenverkehr sowie als elektrische Energie aus erneuerbaren Energien im Schienenverkehr. Seit dem Jahr 2020 nimmt auch der Stromeinsatz im Straßenverkehr durch batterieelektrische Fahrzeuge zu. Im Jahr 2025 lag der Anteil erneuerbarer Energien bezogen auf den gesamten Verkehrssektor (einschließlich internationaler Verkehr) bei 6,8 % und damit über dem Vorjahreswert (+0,7 %-Punkte) [42].

In Bezug auf die Teilsektoren entfällt der größte Teil der Endenergienachfrage des Verkehrssektors im Jahr 2025 mit 2 000 PJ / 555 TWh auf den Straßenverkehr, gefolgt vom Flug- und Seeverkehr (einschließlich in internationalen Verkehrsbewegungen eingesetzter Kraftstoffe) in Höhe von 490 PJ / 136 TWh (Flugverkehr) bzw. 55 PJ / 15 TWh (Seeverkehr) und dem Schienenverkehr mit 50 PJ / 14 TWh sowie der Binnenschifffahrt mit 10 PJ / 3 TWh (Hochrechnung nach [42, 57]). Aus dem historischen Trend in Abb. 2.7 ist zu sehen, dass die Endenergienachfrage im Verkehr im Wesentlichen konstant geblieben ist, aber eine leicht zunehmende Tendenz zeigt. Effizienzgewinne auf der Fahrzeugseite wurden historisch teilweise durch höhere Fahrleistungen und / oder eine steigende Fahrzeugzahl (über-)kompensiert. Der Abfall ab dem Jahr 2020 ist der Corona-Pandemie und insbesondere den „Lockdowns" geschuldet. Während sich bis zum Jahr 2022 ein erneuter Anstieg der Energienachfrage im Verkehr zeigt, stagniert das Wachstum ab dem Jahr 2023 bzw. geht geringfügig zurück; diese Entwicklung ist primär konjunkturbedingten Effekten und gestiegenen Energiekosten geschuldet. Für das Jahr 2025 kann abgeschätzt werden (u. a. [42, 58]), dass es auch im Jahr 2025 sehr wahrscheinlich keine signifikanten Veränderungen gegenüber den Vorjahren gibt.

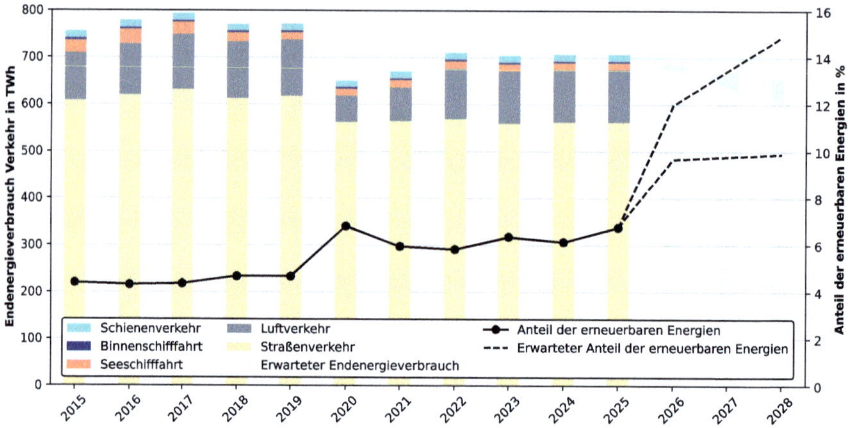

Abb. 2.7 Entwicklung des Endenergieverbrauchs im Verkehrssektor ([42, 57], eigene Berechnungen).

Für den Einsatz erneuerbarer Energien im Verkehrssektor ist heute und auch zukünftig insbesondere die Treibhausgas-Minderungsquote (THG-Minderungsquote) im Bundes-Immissionsschutzgesetz (BImSchG) wichtig, die Inverkehrbringer fossiler Kraftstoffe dazu verpflichtet, progressiv ansteigende Emissionsminderungsziele, jeweils bezogen auf eine definierte Referenz, zu erreichen. Die Ziele der THG-Quote sind bislang bis zum Jahr 2030 festgelegt und dienen der Umsetzung der EU-Richtlinie zur Förderung einer Nutzung erneuerbarer Energien in nationales Recht (Richtlinie 2018/2001, „RED II"). Im Zuge der nationalen Umsetzung der Revision der RED II („RED III") wird eine Anhebung des Ambitionsniveaus erwartet; die Überführung in nationales Recht befindet sich derzeit (Stand März 2026) noch in der Umsetzung. Für die RED II lag der mindestens zu erreichende Anteil erneuerbarer Energien im Straßen- und Schienenverkehr bei 14 % bis zum Jahr 2030, während die RED III (u. a.) einen Mindestanteil von 29 % bezogen auf den gesamten Verkehrssektor vorgibt (durch die Berechnungsmethodik können diese Ziele jedoch mit einem geringeren physischen Einsatz erreicht werden).

Ein wichtiges regulatorisches Regelwerk für die zukünftige Entwicklung des Verkehrssektors ist außerdem das nationale Klimaschutzgesetz (KSG), das die Emissionen des Sektors erfasst und eine zu erreichende Reduktion der Treibhausgas-Emissionen (THG-Emissionen) vorgibt. Das KSG erfasst jedoch nur den nationalen Verkehrssektor und dabei werden auch nur die Emissionen bilanziert, die innerhalb des betrachteten Sektors freiwerden; d. h., dass im Falle von fossilen Kraftstoffen nur die lokalen Emissionen beim Einsatz des Kraftstoffs bilanziert werden (z. B. der Verbrennung in einem Verbrennungsmotor) und keine Emissionen in der Vorkette (z. B. Emissionen bei der Erdölförderung oder in einem Raffinerieprozess). Dementsprechend entfallen nach dieser Methodik und dieser systemischen Abgrenzung keine Emissionen auf die Nutzung von Strom im Verkehrssektor, da die entsprechenden Emissionen bereits im Energiesektor bilanziert wurden.

Innerhalb dieses regulatorischen Rahmens ist analog zum Energieeinsatz der straßengebundene Verkehr aufgrund des hohen Einsatzes von fossilen Kraftstoffen der größte Einzelemittent im Verkehrssektor. In den vergangenen Jahren wurden die Sektorziele des Verkehrs verfehlt, mit Ausnahme des Jahres 2021; hier haben jedoch gesetzliche Mobilitätseinschränkungen zur Eindämmung der Corona-Pandemie maßgeblich beigetragen.

Bisher werden die jährlichen Ziele der THG-Quote bzw. der Klimagasminderung im Verkehrssektor vor allem durch die Beimischung von Biokraftstoffen (Kapitel 5.1) im Straßenverkehr erreicht [59]. Perspektivisch wird sich mit fortschreitender Elektrifizierung auch Strom als ein Energieträger aus erneuerbaren Energien im Verkehrssektor immer weitergehend etablieren; bei dem noch niedrigen Anteil der Elektromobilität ist heute hauptsächlich der Stromeinsatz im Schienenverkehr sichtbar, ab dem Jahr 2022 wird jedoch zunehmend auch die Stromnutzung in batterieelektrischen Fahrzeugen (BEV) und Plug-In-Hybriden (PHEV) statistisch relevant. Eine weitere, bisher aufgrund mangelnder Verfügbarkeit und / oder sehr hohen Preisen jedoch (noch) nicht genutzte Option sind strombasierte Kraftstoffe (Kapitel 5.3).

In den vergangenen Jahren wurden die Vorgaben der THG-Minderungsquote insgesamt übererfüllt, wobei überschüssige Minderungen in Folgejahre übertragen werden konnten; diese Möglichkeit des Übertrags entfällt ab dem Jahr 2024 [59]. Eine Übertragung ist erst wieder ab dem Jahr 2027 vorgesehen. Die Statistiken zur Quotenerfüllung zeigen jedoch bereits für das Jahr 2024 eine Übererfüllung der Verpflichtungen, die über den ausgesetzten Zeitraum hinaus angerechnet werden kann [59, 60]. Gleichzeitig ist in den letzten Jahren eine Zunahme der zertifizierten THG-Minderung der auf die THG-Quote angerechneten Kraftstoffe zu sehen, wodurch die gleiche absolute THG-Minderung durch eine geringere Menge an erneuerbaren Kraftstoffen und Energieträgern erreicht werden kann [60]. Dem Rückgang von flüssigen Biokraftstoffen steht eine Zunahme von Biomethan (Kapitel 5.1) und dem erneuerbaren Anteil des Stroms (Kapitel 5.2) entgegen (eigene Berechnung auf Basis von [42, 59, 60]). Mit Blick auf die jeweiligen Anteile an der Endenergienachfrage sowie der notwendigen Emissionsminderung im Verkehrssektor lässt sich folgern, dass insbesondere kurz- bis mittelfristig vor allem die Entwicklung im Straßenverkehr maßgeblich ist. Um die nötigen Emissionsreduktionen erreichen zu können, gibt es für den Verkehrssektor im Wesentlichen zwei Strategien: Die Substitution von fossilem Kraftstoff durch erneuerbare Kraftstoffe und / oder die Reduktion der Endenergienachfrage. Während erneuerbare Kraftstoffe zwar in der aktuellen Flotte eingesetzt werden können, reduzieren diese jedoch nur Emissionen und verändern nicht die Endenergienachfrage insgesamt. Vorteilhaft ist dabei, dass erneuerbare Kraftstoffe meist direkt in der bestehenden Infrastruktur genutzt werden können und bereits werden. Erneuerbare Kraftstoffe, z. B. Biokraftstoffe (Kapitel 5.1) oder auch E-Fuels (Kapitel 5.3), sind aus heutiger Sicht jedoch nicht unbegrenzt verfügbar und der Verkehrssektor tritt auch in Bezug auf die bisher genutzten geringen Mengen zunehmend in Nutzungskonkurrenz zu anderen Sektoren. Auch innerhalb des Verkehrssektors werden voraussichtlich unterschiedliche Teilsektoren auf erneuerbare Kraftstoffe zurückgreifen, die heute als schwer oder nicht-elektrifizierbar gelten; letzteres gilt z. B. für den Flug- und Seeverkehr, die hohe Anforderungen u. a. an die Energiedichte der Kraftstoffe stellen.

Eine Reduktion der Endenergienachfrage (unter der Annahme, dass die Transportleistung selbst nicht reduziert wird und unter Vernachlässigung von Verlagerungseffekten) wird aus heutiger Sicht vor allem über eine Elektrifizierung im Straßen- bzw. im bodengebundenen Verkehr (d. h. der batterieelektrischen Mobilität) erreicht. Batterieelektrische Fahrzeuge (BEV, engl. battery-electric vehicles) sind effizienter als Verbrennungsmotor-basierte Fahrzeuge und benötigen daher weniger Energie für die gleiche Transportleistung. Für die flächendeckende Nutzung ist jedoch der Ausbau einer entsprechenden Ladeinfrastruktur notwendig – d. h., Leitungsausbau für den Transport von Strom aus erneuerbaren Energien sowie eine spezifische Ladeinfrastruktur für Pkw und Lkw.

Für den Einsatz erneuerbarer Energien im Verkehrssektor ist kurz- und mittelfristig unter der Annahme begrenzter Verfügbarkeiten erneuerbarer Kraftstoffe daher vor allem ein hoher Elektrifizierungsgrad im Straßenverkehr vorteilhaft. Im Pkw-Bestand (Abb. 2.8) stellen Elektrofahrzeuge bisher nur einen geringen Anteil der Gesamtflotte. Zum 01.01.2026 ergibt sich auf Basis der Daten nach [61] ein BEV-Anteil an der Gesamtflotte von ca. 4,1 % bzw. 2 Mio. batterieelektrischer Fahrzeuge von insgesamt über 49,5 Mio. Fahrzeugen.

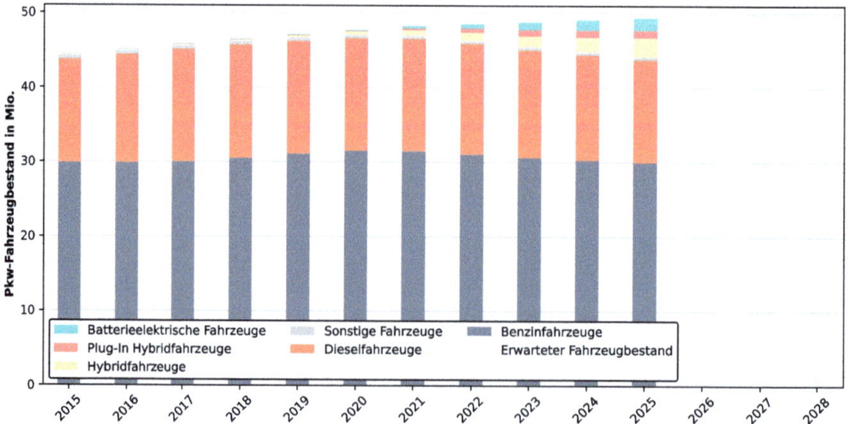

Abb. 2.8 Entwicklung der Personenkraftfahrzeugbestands in Deutschland [61, 62].

Auf Basis des historischen Trends ist bis zum Jahr 2028 dabei mit weiter leicht steigenden Fahrzeugzahlen zu rechnen; das gilt sowohl im Pkw- als auch im Lkw-Bereich. Bis zum Jahr 2028 kann die Bestandsflotte auf über 50 Mio. Pkw anwachsen. Insgesamt dürfte der Energieverbrauch im Verkehrssektor in Abhängigkeit der Geschwindigkeit der Elektrifizierung dennoch leicht auf 2 200 bis 2 500 PJ (610 bis 695 TWh) sinken. Der Anteil erneuerbarer Energien im gesamten Verkehrssektor wird in diesem Zeitraum aufgrund der regulatorischen Änderungen im Bereich der THG-Quote (d. h. vor allem der Beimischung von Biokraftstoffen (siehe Abschnitt 5.1)) voraussichtlich zunächst zum Jahr 2026 ansteigen und dann – in Abhängigkeit der Geschwindigkeit der Elektrifizierung im Straßenverkehr (siehe Abschnitt 5.2) – nahezu konstant bei rund 10 % bleiben bzw. auf bis zu 15 % weiter ansteigen.

Kapitel 3
Stromerzeugung aus erneuerbaren Energien

Sina Barthel*, Luka Bornemann, Fabian Carels, Jaqueline Daniel-Gromke, Velina Denysenko, Laura Garcia Laverde, Martin Kaltschmitt, Volker Lenz, Lara Elif Mazlum, Eric Nitschke, Tobias Prieß, Nadja Rensberg, Marvin Scherzinger, Lena Schultheiß

Nachdem im vorangegangenen Kapitel ein Überblick über das Energiesystem in Deutschland gegeben wurde, wird in diesem Kapitel die Entwicklung wichtiger erneuerbarer Energien zur Stromerzeugung dargestellt sowie die absehbare kurzfristige Entwicklung abgeschätzt. Die dominierenden und nachfolgend diskutierten Technologien zur Strombereitstellung sind die Windenergienutzung, insbesondere Onshore, gefolgt von der Stromerzeugung mittels Photovoltaik-Anlagen. Einen deutlich geringeren Anteil tragen Anlagen zur Nutzung der Wasserkraft, der Biomasse (Anlagen zur Verstromung fester Biomasse und von Biogas) sowie insbesondere der tiefen Geothermie in Deutschland bei.

3.1 Windenergie

Die Windenergie ist die in Deutschland am meisten genutzte Option zur Stromerzeugung aus erneuerbaren Energien. Bei ihr wird die in den bodennahen Atmosphärenschichten enthaltene Strömungsenergie (d. h. Windenergie) mithilfe des Rotors einer Windenergieanlage in eine Drehbewegung der Rotorachse umgewandelt. Diese mechanische Energie der Rotorachse kann dann unmittel- oder mittelbar mithilfe eines Generators in elektrische Energie konvertiert werden.

Im Jahr 2025 stammte rund die Hälfte der Nettostromerzeugung aus regenerativen Energien aus der Windenergienutzung [42]. Dabei wird zwischen der Windenergienutzung an Land (Onshore), die bisher den größeren Anteil zur Stromerzeugung aus Windenergie in Deutschland beiträgt, und der Windenergienutzung in der Nord- und Ostsee (Offshore) unterschieden. Die nachfolgenden Ausführungen geben einen Überblick über den Stand beider Windenergienutzungsvarianten in Deutschland sowie den in den kommenden Jahren potenziell zu erwartenden Ausbau.

---

* Autoren in alphabetischer Reihenfolge.

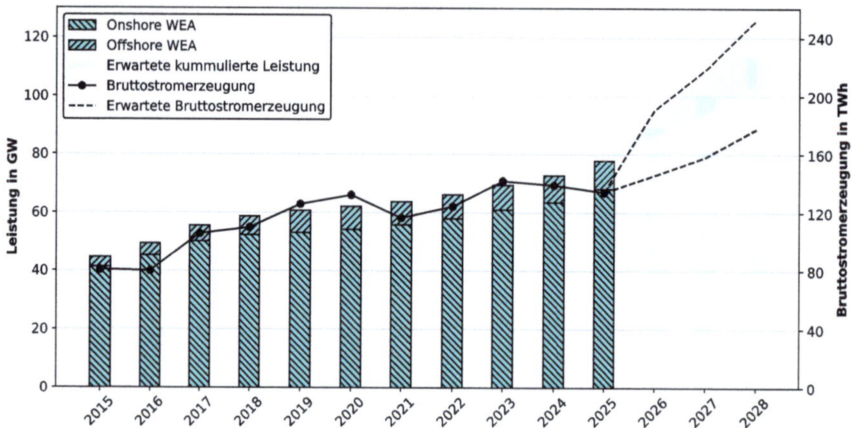

Abb. 3.1 Stand und Entwicklung der Windenergienutzung zur Stromerzeugung [42, 63–90].

3.1.1 Onshore Windenergie

Stand

Abb. 3.1 zeigt die Entwicklung der an Land (Onshore) und auf See (Offshore) installierten elektrischen Windenergieanlagenleistung und die resultierende Bruttostromerzeugung im Verlauf der letzten 10 Jahre sowie die aus heutiger Sicht zu erwartete Entwicklung bis ins Jahr 2028. Demnach nahm die installierte elektrische Leistung der Windenergieanlagen an Land im Jahr 2025 im Vergleich zum Vorjahr um 4,6 GW (7 %) zu. Damit waren insgesamt 68,1 GW an elektrischer Leistung am Netz [42]. Damit liegt die installierte Leistung von Onshore-Windenergieanlagen weiter unter dem entsprechenden Ziel der Bundesregierung [91]. Auch das angestrebte Ausbauziel von 84 GW im Jahr 2026 wird aller Voraussicht nach verfehlt werden.

Wie auch in den vergangenen Jahren nahm die durchschnittliche elektrische Nennleistung der in Deutschland installierten Onshore-Windenergieanlagen weiter zu. Während die mittlere Nennleistung der im Jahr 2020 in Betrieb genommenen Onshore-Windenergieanlagen 3,4 MW betrug, wurden im Jahr 2025 Onshore-Windenergieanlagen mit einer durchschnittlichen elektrischen Nennleistung von 5,0 MW ans Netz angeschlossen [92].

Im Vergleich zum Vorjahr nahm die Bruttostromerzeugung durch Onshore-Windenergie im Jahr 2025 um 6,5 TWh (6 %) ab; dies ist der zweite Rückgang in Folge. Hierdurch sank der Anteil der Onshore-Windenergie an der Bruttostrombereitstellung aus erneuerbaren Energien von 42,8 % im Jahr 2023 über 39,5 % im Jahr 2024 auf 37,0 % im Jahr 2025 (Tabelle 3.1) [42]. Grund für diesen Rückgang ist neben dem überdurchschnittlich hohen Windaufkommen im Jahr 2023 (Abb. 1.2) – das Jahr 2023 war das windstärkste Jahr seit über 20 Jahren [93] – ein unterdurchschnittlich windreiches Frühjahr 2025 [94].

Zur Netzstabilisierung wurden im Jahr 2024 3,4 TWh der Bruttostromerzeugung der Onshore in Deutschland installierten Windenergieanlagen (Bruttostromerzeugung von insgesamt 113,7 TWh) abgeregelt [95]. Basierend auf der bis Ende September 2025 abgeregelten Strommenge von 2,0 TWh ist für das Jahr 2024 mit einer Gesamtabregelung der Onshore-Windenergie um die 2,7 TWh zu rechnen.

Die Nutzung der Onshore-Windenergie ist – infolge des lokal sehr unterschiedlichen Windangebots – durch starke regionale Unterschiede gekennzeichnet. Um diese finanziell auszugleichen, werden Standorte in der sogenannten „Südregion" mit – im Bundesdurchschnitt – besonders unterdurchschnittlichen Windbedingungen durch das Erneuerbare-Energien-Gesetz (EEG) stärker finanziell gefördert [91]. Die Südregion umfasst dabei ganz Baden-Württemberg, das gesamte Saarland, weite Teile von Bayern und Rheinland-Pfalz, sowie den Süden von Hessen. Zusammengenommen nimmt die „Südregion" 33,3 % des gesamten Bundesgebiets ein [96]. Hier waren im Jahr 2025 mit 8,2 GW lediglich 12 % der deutschlandweit installierten Onshore-Windenergieleistung in Betrieb [92]. Im Jahr 2025 wurden in dieser „Südregion" Windenergieanlagen mit einer kumulierten elektrischen Leistung von 491 MW neu in Betrieb genommen [92]. Unter Berücksichtigung der entsprechenden Stilllegungen (62 MW [92]) entspricht dies 9 % des Netto-Zubaus in Deutschland. Damit ist der Anteil der „Südregion" an der installierten Windenergieleistung über das letzte Jahr minimal gesunken.

Tabelle 3.1 Stromerzeugung durch Onshore-Windenergienutzung [42].

	2015	2020	2023	2024	2025
Leistung in GW	41,3	54,3	61,0	63,5	68,1
Bruttostromerzeugung in TWh	72,3	104,8	117,9	113,7	107,2
Anteil an regenerativem Strom in %	38,1	41,3	42,8	39,5	37,0

Perspektiven

Mit durchschnittlichen Genehmigungsdauern für Windenergieanlagen in Deutschland von 18 Monaten und weiteren im Mittel 30 Monaten von der Genehmigungserteilung bis zur Inbetriebnahme [97] ist zu erwarten, dass in den nächsten Jahren nur Windenergieanlagen gebaut werden können, die schon heute genehmigt oder beantragt sind. Im Jahr 2025 wurde mit 20,5 GW ein neuer Höchstwert an Windenergieanlagen genehmigt. Diese Neugenehmigungen lagen deutlich über dem Durchschnitt der vorherigen 5 Jahre von rund 6,7 GW. Zusätzlich hierzu wurden in den Jahren vor 2025 weitere 19,1 GW genehmigt, die bisher noch nicht in Betrieb gegangen sind. Insgesamt befinden sich damit Windenergieanlagen mit einer Leistung von 39,6 GW noch zwischen Genehmigung und Inbetriebnahme [63]. Unter der Annahme, dass alle bereits genehmigten Anlagen bis Ende 2028 in Betrieb sind, könnte eine installierte Windenergieleistung von 107,7 GW erreicht werden.

Sollten sich die Realisierungsphasen weitergehend verzögern, ist eine deutlich geringere installierte Windenergieleistung zu erwarten. Allerdings ist auch in diesem

Fall damit zu rechnen, dass ein Großteil der genehmigten Windenergieanlagen, die bereits einen EEG-Zuschlag erhalten haben, bis Ende 2028 in Betrieb sein werden, da dieser EEG-Zuschlag nach 36 Monaten verfällt [91]. Beispielsweise lag in den Jahren 2020 bis 2022 die Realisierungsquote bezogen auf die zugeschlagene Leistung zwischen 82,6 % und 93,1 % [63–77]. Aus den vergangenen 36 Monaten sind Windenergieanlagen mit einer insgesamt installierten elektrischen Leistung von 25,5 GW, die einen Zuschlag erhalten haben, noch nicht in Betrieb [63, 78–89]. Die verbleibenden 14,1 GW der Windenergieanlagen zwischen Genehmigung und Inbetriebnahme haben entweder noch keinen EEG-Zuschlag erhalten (13,9 GW) oder ihr Zuschlagsdatum liegt mehr als 36 Monate zurück (0,2 GW). Basierend auf der unteren Grenze der Realisierungsquoten der Vergangenheit von 82,6 % würde damit bis Ende 2028 eine minimale installierte Windenergieleistung von 89,2 GW erreicht werden.

Ausgehend davon liegt die potenziell erwartbare Spanne im Jahr 2028 zwischen 89,2 GW und 107,7 GW. Damit ist die Einhaltung des Ausbauziels von 99 GW installierter Windenergieleistung im Jahr 2028 [91] grundsätzlich möglich, aber nicht garantiert. Aufbauend auf den minimalen (1 494 h) und maximalen (1 933 h) Windenergievolllaststunden im deutschlandweiten Mittel der letzten 10 Jahre [42] könnten im Jahr 2028 dann zwischen 133,2 und 208,3 TWh Strom mit Onshore installierten Windenergieanlagen bereitgestellt werden.

3.1.2 Offshore Windenergie

Stand

Zum Ende des Jahres 2025 betrug die installierte Leistung der in den deutschen Gewässern der Nord- und Ostsee installierten Windenergieanlagen insgesamt 9,7 GW. Gegenüber Ende 2024 entspricht dies einer Zunahme um knapp 500 MW bzw. einem relativen Anstieg der installierten Gesamtkapazität um etwa 5 % (Tabelle 3.2) [42]. Diese Zunahme ist auf den Beginn der Inbetriebnahme der Windparks Borkum Riffgrund 3 und EnBW He Dreiht (beide in der Nordsee) zurückzuführen. Diese Inbetriebnahme ist Ende 2025 gestartet und wird im Verlauf des Jahres 2026 voraussichtlich abgeschlossen werden. Die Verteilung der bisher installierten Gesamtleistung zeigt nach wie vor eine deutliche Konzentration auf die Nordsee mit 7,9 GW, während in der Ostsee Anlagen mit einer elektrischen Kapazität von unverändert 1,8 GW betrieben werden [90].

Die durchschnittliche Turbinenleistung aller Windparks, die derzeit in der deutschen Nord- und Ostsee Strom in das Netz der öffentlichen Versorgung einspeisen, lag Ende des Jahres 2025 bei 5,8 MW. In den Windparks, deren Inbetriebnahme derzeit vollzogen wird, werden Turbinen mit einer Anlagenleistung von 11 MW (Borkum Riffgrund 3) bzw. 15 MW (EnBW He Dreiht) eingesetzt. Auch im Windpark Windanker, der Ende 2026 seinen Betrieb aufnehmen soll, werden 15 MW Turbinen installiert [90]. Damit verstetigt sich der Trend hin zu immer größeren und leistungsstärkeren Turbinen für den Offshore-Einsatz.

Die Offshore-Windenergie trug im vergangenen Jahr mit einer Bruttostromerzeugung von rund 26,5 TWh zur Stromproduktion in Deutschland bei. Insgesamt machte der auf See erzeugte Windstrom 2025 etwa 9,1 % der gesamten „grünen" Stromerzeugung in Deutschland aus (3.2). Dabei wird die eingespeiste Strommenge weiterhin stark durch netzstabilisierende Abregelungen beeinflusst. Zwar ging in den ersten neun Monaten des Jahres 2025 das Volumen der Abregelung von Windenergieanlagen auf See gegenüber dem entsprechenden Vorjahreszeitraum deutlich zurück, lag aber immer noch bei über 2 TWh [98].

Tabelle 3.2 Stromerzeugung durch Offshore-Windenergienutzung [42].

	2015	**2020**	**2022**	**2023**	**2024**	**2025**
Leistung in GW	3,3	7,9	8,2	8,5	9,2	9,7
Bruttostromerzeugung in TWh	8,3	27,3	25,1	23,9	26,1	26,5
Anteil an regenerativem Strom in %	4,4	10,8	9,8	8,7	9,2	9,1

Perspektiven

Der Ausbau der Windenergieerzeugung auf See wird in Deutschland durch ein zentrales Flächen- und Vergabemanagement gesteuert. Die Bundesnetzagentur (BNetzA) und das Bundesamt für Seeschifffahrt und Hydrographie (BSH) identifizieren geeignete Flächen für die Errichtung neuer Offshore-Windparks. Diese Flächen werden dann im Rahmen von Ausschreibungsverfahren durch die BNetzA an Unternehmen mit dem besten Gebot vergeben. Dieses zentrale Vergabeverfahren ermöglicht eine relativ zuverlässige Prognose der zukünftig installierten Kapazitäten.

In den kommenden Jahren wird der Zuwachs der Windstromerzeugung auf See in Deutschland primär durch bereits geplante und im Bau befindliche Projekte bestimmt. Durch die vollständige Inbetriebnahme der bereits angesprochenen Windparks Borkum Riffgrund 3, EnBW He Dreiht und Windanker wird die kumulierte Stromerzeugungsleistung in deutschen Gewässern Ende des Jahre 2026 voraussichtlich bei rund 11,4 GW liegen. Im darauffolgenden Jahr 2027 sollen Anlagen mit einer Gesamtkapazität von 660 MW, deren Bau bereits im Sommer 2025 begonnen hat, vollständig ans Netz gehen und erstmalig Strom einspeisen (Nordseecluster A). Für das Jahr 2028 sind derzeit Inbetriebnahmen von insgesamt vier Offshore-Windparks (Nordlicht I & II, Gennaker, Waterkant) mit einer Gesamtleistung von knapp 3 GW vorgesehen [90]. Vorausgesetzt, dass Bau, Netzanschluss und Inbetriebnahme in den kommenden Jahren plangemäß erfolgen, dürfte die Gesamtleistung der Offshore-Windenergie in Deutschland bis Ende 2028 rund 15 GW erreichen. Sollte die in erster Linie durch die Windverhältnisse bestimmte Auslastung der Windturbinen im Bereich der vergangenen Jahre liegen, würde dies einer jährlichen Bruttostromerzeugung aus Offshore-Windenergie von rund 45 TWh entsprechen.

3.2 Photovoltaik

Photovoltaikanlagen wandeln Sonnenlicht direkt in elektrische Energie um. Dies geschieht mithilfe des photovoltaischen Effekts: Photonen des Sonnenlichts setzen in den Photovoltaikzellen Elektronen frei, wodurch an den ladungsselektiven Kontakten eine elektrische Gleichspannung entsteht. Ein nachgeschalteter Wechselrichter wandelt den erzeugten Gleichstrom in netzkonformen Wechselstrom um, der entweder direkt in dem jeweiligen Gebäude verbraucht, ggf. in Batteriespeichern zwischengespeichert und / oder ins öffentliche Stromnetz eingespeist werden kann [99].

Photovoltaikanlagen werden in Deutschland in unterschiedlichen elektrischen Größengruppen installiert und lassen sich nach ihrer installierten Leistung in verschiedene Segmente einteilen [100]:

- Kleinanlagen (Balkonkraftwerke): 0,3 bis 0,8 kW; typischerweise steckerfertige Geräte für die Aufstellung an Balkonen oder Terrassen.
- Kleinanlagen (Wohngebäude): 3 bis 30 kW, typischerweise Dachanlagen auf Ein- und Mehrfamilienhäusern.
- Großanlagen (Gewerbeanlagen): 30 bis 750 kW, Anlagen auf Gewerbe- und Industriedächern sowie auf größeren öffentlichen Gebäuden.
- Großanlagen (Freiflächenanlagen): 0,75 MW bis mehrere hundert MW, großflächige Solarparks auf Freiflächen.

Die in Photovoltaikanlagen kumulierte installierte Leistung in Deutschland belief sich Ende 2025 auf etwa 118 GW, verteilt auf 5,7 Mio. Anlagen [100]. Der typische Leistungsbereich pro Anlage reicht damit von wenigen kW bei privaten Dachanlagen bis zu vielen MW bei großen Solarparks.

Die elektrische Jahresarbeit einer Photovoltaikanlage wird maßgeblich durch die Globalstrahlung am Standort, die Modulausrichtung und -neigung sowie den technischen Wirkungsgrad der jeweils verbauten Komponenten bestimmt [101]. In Deutschland werden durchschnittlich 900 bis 1 100 Volllaststunden pro Jahr erreicht [101]. Bei einer 10 kW-Anlage entspricht dies einer jährlichen Stromerzeugung von etwa 9 000 bis 11 000 kWh.

Die Photovoltaik (PV) hat sich zu einem zentralen Bestandteil des deutschen Stromversorgungssystems entwickelt; die insgesamt installierte elektrische Leistung und die korrespondierende Stromerzeugung sind auf einem starken Ausbaupfad. Nachfolgend werden der aktuelle Stand und die sich abzeichnenden Perspektiven diskutiert.

Stand

Zum Ende des Jahres 2025 waren in Deutschland rund 5,7 Mio. Photovoltaikanlagen mit einer insgesamt installierten Leistung von rund 118 GW in Betrieb (Abb. 3.2). Dies entspricht einem Nettozuwachs von etwa 0,9 Mio. Anlagen und einer zusätzlichen Leistung von ca. 16,8 GW im Vergleich zum Vorjahr. Damit war 2025 in Bezug auf den absoluten Leistungszuwachs das bisher ausbaustärkste Jahr in Deutschland,

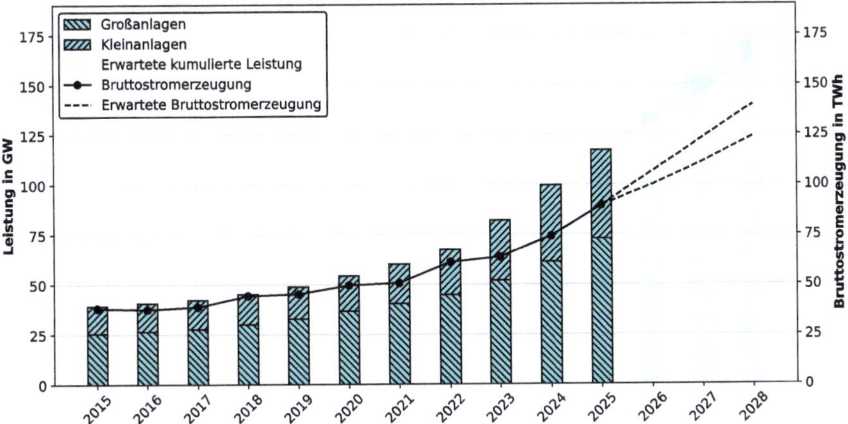

Abb. 3.2 Stand und Entwicklung der Nutzung photovoltaischer Systeme zur Stromerzeugung [42, 100].

während der relative Zuwachs mit etwa 17 % auf dem Vorjahresniveau liegt. Im Vergleich dazu lag die durchschnittliche Wachstumsrate der letzten fünf Jahre bei rund 14 %/a [42, 100]. Photovoltaikanlagen tragen somit etwa 56 % zur installierten elektrischen Leistung aller Anlagen zur Nutzung erneuerbarer Energien in Deutschland bei (Tabelle 3.3, [42, 100]). Mit diesem bestehenden Anlagenpark wurde im Jahr 2025 eine Bruttostromerzeugung von etwa 92 TWh realisiert; dies entspricht einem Anteil von rund 32 % an der gesamten Stromerzeugung aus erneuerbaren Energien (Tabelle 3.3, [42]). Im Vergleich zu 2024 ist dies ein Zuwachs von ca. 21 %.

Tabelle 3.3 Stromerzeugung mithilfe photovoltaischer Systeme [42, 100].

	2015	**2020**	**2023**	**2024**	**2025**
Leistung in GW	39,2	54,5	84,1	100,9	117,7
Bruttostromerzeugung in TWh	38,1	49,5	64,4	75,9	91,6
Anteil an regenerativem Strom in %	20,0	18,5	23,3	26,3	31,6

Die in Deutschland installierten Photovoltaikanlagen lassen sich in zwei Hauptkategorien unterteilen: Kleinanlagen und Großanlagen.

- Photovoltaik-Kleinanlagen umfassen Balkon- und Mini-Photovoltaik-Systeme sowie kleinere Aufdachanlagen mit einer elektrischen Leistung unterhalb von 30 kW. Derartige Kleinanlagen werden vorwiegend von Privatpersonen betrieben. Diese Kategorie stellt mit etwa 5,4 Mio. Anlagen den Großteil der in Deutschland installierten Systeme dar; sie trägt jedoch nur mit rund 44 GW bzw. 38 % zur gesamten installierten Leistung bei [100]. Insbesondere in der Kategorie der Balkon- und Mini-Photovoltaik-Systeme mit einer Nettonennleistung von unter 800 W ist ein deutlicher Aufschwung zu verzeichnen. Zum Ende des Jahres 2025 waren insgesamt 1,26 Mio. dieser Anlagen mit einer gesamten Bruttonennleistung von rund 1,2 GW installiert. Die installierte Leistung in diesem Segment stieg somit um 536 MW (+74 %) im Vergleich zu 2024 und um 970 MW (+330 %) im Vergleich zu 2023 [100].

- Photovoltaik-Großanlagen umfassen Freiflächenanlagen sowie größere Aufdachanlagen, die häufig auf Dächern von Gewerbe- und Industriegebäuden installiert sind und eine elektrische Leistung von über 30 kW aufweisen. Diese Kategorie umfasst etwa 286 000 Anlagen mit einer Gesamtleistung von rund 73 GW bzw. knapp 62 % bezogen auf die insgesamt in Deutschland installierte Photovoltaik-Leistung [100].

Beide Kategorien trugen im Jahr 2025 substantiell zum Zubau bei. Jedoch steuerten Großanlagen mit rund 11 GW deutlich mehr Leistung als Kleinanlagen mit etwa 6 GW zu der Entwicklung im Jahr 2025 bei.

Perspektiven

Die zukünftige Entwicklung der Photovoltaik in Deutschland wird weiterhin durch ambitionierte Ausbauziele geprägt. Sowohl im Jahr 2023 als auch im Jahr 2024 wurden diese Ausbauziele übertroffen. Für das Jahr 2025 wurde das Ausbauziel auf 18 GW angehoben. Mit einem Zubau von etwa 16,8 GW wurde zwar im letzten Jahr ein hohes Ausbauniveau erreicht, das politisch noch von der letzten Bundesregierung vorgegebene Ziel jedoch verfehlt. Ab dem Jahr 2026 werden noch höhere jährliche Ausbauziele von 22 GW angestrebt [102]. Dennoch besteht die Möglichkeit, dass diese anspruchsvollen Ausbauziele angesichts der anhaltenden Wachstumsdynamik und des weiteren Preisverfalls insbesondere bei Modulen im Jahr 2026 erreicht werden könnten. Dabei dürften sowohl Klein- als auch Großanlagen signifikant zum weiteren Ausbau beitragen.

Das Ausbauziel von 22 GW für das Jahr 2026 entspräche einem Wachstum der kumulierten installierten Leistung in Deutschland um etwa 19 %. Dieser Wert liegt über der durchschnittlichen Wachstumsrate der letzten fünf Jahre und auch über dem tatsächlichen Zubau im Jahr 2025 von etwa 16,8 GW [42, 100].

Wird das jährliche Ausbauziel von 22 GW in den kommenden Jahren beibehalten und nicht von der aktuellen Bundesregierung modifiziert, wird ausgehend davon längerfristig basierend auf der durchschnittlichen Wachstumsrate der letzten fünf Jahre bis zum Jahr 2028 eine kumulierte installierte Leistung zwischen 162 und 183 GW erwartet [42, 100] (gestrichelte Linien in Abb. 3.2). Dies würde bei einer Fortschreibung der Jahresvolllaststunden des Jahres 2025 einer Bruttostromerzeugung von etwa 124 bis 140 TWh (2028) entsprechen (blauer Bereich in Abb. 3.2). Insgesamt würde eine derartige Entwicklung dann einer Steigerung der Bruttostromerzeugung aus Photovoltaik um ca. 56 % gegenüber dem Jahr 2025 und einem Anteil von etwa 28 % bezogen auf die gesamte Bruttostromerzeugung in Deutschland im Jahr 2025 bedeuten [42].

Die Refinanzierung von Photovoltaikanlagen im privaten und z. T. auch im gewerblichen Bereich basierte in der Vergangenheit überwiegend auf der Einspeisung des erzeugten Stroms nach den Vergütungssätzen des EEG. In jüngerer Zeit zeichnet sich jedoch ein deutlicher Trend zur verstärkten Deckung des Eigenverbrauchs ab. Dieser Wandel ist u. a. auf den starken Ausbau von Balkon-Photovoltaik-Systemen zurückzuführen, die in der Regel keine Einspeisevergütung erhalten. Darüber hinaus haben energiepolitische Maßnahmen diesen Trend weiter begünstigt; die Einspeisevergütung ist in den vergangenen Jahren kontinuierlich gesunken und liegt im Jahr 2026 je nach Anlagengröße zwischen 0,055 und 0,079 €/kWh [103]. Seit Anfang des Jahres 2025 erhalten neu installierte Anlagen nach dem Energiewirtschaftsgesetz (EnWG) zudem keine Vergütung für eingespeisten Strom, wenn die Strompreise negativ sind [104]. Gleichzeitig stehen dieser Entwicklung durchschnittliche Strompreise von Haushaltskunden von rund 0,38 €/kWh [105] bzw. Nicht-Haushaltskunden von rund 0,27 €/kWh [106] im Jahr 2025 gegenüber; dies steigert die wirtschaftliche Attraktivität des Eigenverbrauchs weiter. Insbesondere vor dem Hintergrund eines zunehmenden Anteils elektrischer Energie an der gesamten Wärmeversorgung (Kapitel 4.2) und einem potenziell weiter ansteigenden Anteil der Elektro-Mobilität (Kapitel 5.2) wird die Nutzung von Photovoltaikstrom zur Eigenbedarfsdeckung künftig eine noch größere Rolle spielen – und damit sukzessive immer mehr Anlagen auch außerhalb des EEG errichtet werden.

3.3 Wasserkraft

Nachfolgend werden der Stand und die Perspektiven der Stromerzeugung aus Wasserkraft in Deutschland diskutiert. Unter dem Begriff der Wasserkraft werden Lauf- und Speicherwasserkraftwerke sowie Pumpspeicherkraftwerke, bei denen ein natürlicher Zufluss vorliegt, subsumiert. Bei diesen Anlagen wird die potenzielle und kinetische Energie des oberflächlich abfließenden Wassers mithilfe geeigneter Turbinen und daran gekoppelten Generatoren in elektrische Energie gewandelt.

Der überwiegende Teil der über 8 000 Wasserkraftanlagen in Deutschland befindet sich im Süden der Republik. Die in Süddeutschland häufig gefällereiche Landschaft bietet i. Allg. gute geographische Bedingungen für die Errichtung von Wasserkraftanlagen. Daher werden von der in Deutschland insgesamt eingespeisten elektrischen Energie aus Wasserkraft rund 80 % in Bayern und Baden-Württemberg erzeugt [107].

Stand

Die installierte elektrische Erzeugungsleistung der Wasserkraftanlagen in Deutschland lag im Jahr 2025 bei rund 5,9 GW [108] und erreichte damit den höchsten Wert der letzten zwei Jahrzehnte. Dieser Zuwachs bewegte sich jedoch im Bereich der in den vergangenen Jahren beobachteten üblichen Schwankungen (Abb. 3.3), sodass weiterhin von einer nahezu konstanten installierten elektrischen Leistung in Wasserkraftwerken ausgegangen werden kann [34]. Der Anteil der installierten elektrischen Wasserkraftleistung an der insgesamt in Deutschland verfügbaren installierten Stromerzeugungsleistung in Anlagen zur Nutzung erneuerbarer Energien lag damit

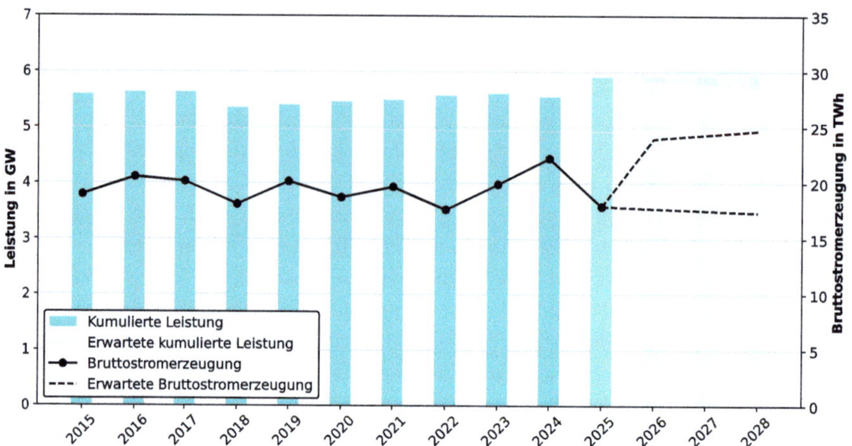

Abb. 3.3 Stand und Entwicklung der Wasserkraftnutzung zur Stromerzeugung [34].

Tabelle 3.4 Stromerzeugung durch Wasserkraftnutzung [34].

	2015	2020	2023	2024	2025
Leistung in GW	5,6	5,5	5,6	5,6	5,9
Bruttostromerzeugung in TWh	19,0	18,7	19,9	22,2	17,9
Anteil an regenerativem Strom in %	10,0	7,4	7,3	7,8	6,9

nach wie vor bei rund 3 %. Aufgrund der im Vergleich zu anderen erneuerbaren Energien hohen erreichbaren Volllaststunden trug die Wasserkraft mit 17,9 TWh im Jahr 2025 jedoch nahezu 7 % zur Bruttostromerzeugung aus erneuerbaren Energien in Deutschland bei (Tabelle 3.4) [34, 46, 108].

Die Stromerzeugung aus Wasserkraft unterliegt in Deutschland aufgrund der weitgehend konstanten Erzeugungsleistung meist nur geringfügigen jährlichen Schwankungen von 10 bis 15 %. Primäre Einflussgrößen auf die Stromproduktion sind die Witterung bzw. die durchschnittlichen Niederschläge und die dadurch beeinflusste Wasserführung der Bäche und Flüsse. In der Regel liegt die jährlich bereitgestellte Energiemenge im Bereich von 18 bis 22 TWh [107, 109]. Der beobachtete Anstieg der Bruttostromerzeugung in den Jahren 2022 bis 2024 war primär auf hydrologische Bedingungen zurückzuführen; beispielsweise war das Jahr 2023 in Deutschland das niederschlagsreichste Jahr seit 2007. Daraus resultierte ein deutlicher Anstieg der Bruttostromerzeugung aus Wasserkraft im Vergleich zu dem sehr trockenen Jahr 2022. Dennoch blieb die erzeugte elektrische Energie im Bereich der Durchschnittswerte der Vorjahre [34]. Auch das Jahr 2024 war durch überdurchschnittliche Niederschlagsmengen gekennzeichnet, die allerdings nicht das Vorjahresniveau erreichten [46]. Demgegenüber markiert das Jahr 2025 mit 17,9 TWh ein hydrologisch schwaches Jahr, in dem die deutlich geringere Niederschlagsmenge zu einer spürbar reduzierten Wasserführung und damit zu einer merklichen Abnahme der Stromerzeugung aus Wasserkraft führte [108].

Perspektiven

Das technisch-ökologische Potenzial der Wasserkraftnutzung in Deutschland von rund 25 TWh/a ist nahezu vollständig erschlossen. Das noch erschließbare Potenzial wird nur auf 1,3 bis 1,4 TWh/a geschätzt und entfällt überwiegend auf die Modernisierung bestehender Anlagen sowie die Reaktivierung stillgelegter Kraftwerke [107, 109]. Während andere Stromerzeugungsoptionen zur Nutzung erneuerbarer Energien derzeit weiter ausgebaut werden, stagniert die installierte Leistung der Wasserkraft in Deutschland – und das schon seit Jahrzehnten. Der geringe Zubau zwischen den Jahren 2019 und 2023 kompensierte lediglich den Rückgang der installierten Leistung im Jahr 2018, sodass das Niveau von 2014 im Jahr 2024 wieder erreicht wurde. Bis zum Jahr 2025 ist die installierte Leistung der Wasserkraft auf etwa 5,9 GW angestiegen [108]. Dieser Zuwachs bewegt sich allerdings im Rahmen der üblichen jährlichen Schwankungen und dürfte im Wesentlichen auf einzelne Modernisierungs- und Erweiterungsmaßnahmen an bestehenden Standorten sowie auf wenige Reaktivierungen zurückzuführen sein.

Die installierte Leistung ist daher weiterhin nicht der maßgebliche Faktor für die Bruttostromerzeugung aus Wasserkraft. Vielmehr ist die tatsächliche Stromerzeugung stark von hydrologischen Bedingungen abhängig, die sich nur eingeschränkt prognostizieren lassen. Vor diesem Hintergrund ist davon auszugehen, dass sich die Bruttostromerzeugung aus Wasserkraft in einer ähnlichen Größenordnung wie in den vergangenen Jahren bewegen wird. Infolgedessen wird der Anteil der Wasserkraft an der Bruttostromerzeugung aus erneuerbaren Energien weiter abnehmen. Während dieser Anteil im Jahr 2005 noch über 30 % betrug, lag er in den letzten Jahren bereits unterhalb von 10 % [34] – und das bei weiter sinkender Tendenz. Unabhängig davon ist aber davon auszugehen, dass die Stromerzeugung aus Wasserkraft in Deutschland in den kommenden Jahren absolut weitgehend konstant bleiben wird.

3.4 Biomasse (inkl. KWK)

„Grüner" Strom aus Biomasse wird in Deutschland im Wesentlichen aus biogenen Festbrennstoffen und biogenen Gasen erzeugt. Der Anteil biogener flüssiger Kraftstoffe an der Verstromung ist mit ca. 0,2 ‰ des gesamten Bruttostromverbrauchs vergleichsweise gering. Letztere Optionen stellen auch eine zunehmend kleiner werdende Nischenanwendung dar, da eine starke Konkurrenz zum Mobilitätssektor besteht. Die Stromerzeugung aus Biomasse-stämmigen flüssigen Energieträgern fiel im Jahr 2025 auf ca. 0,082 TWh / 0,3 PJ; die installierte Leistung lag unter 0,2 GW [42]. Zukünftig ist ein weiteres Auslaufen der Vergütung und der weitergehende Rückbau der entsprechenden BHKW-Anlagen bzw. deren Umstellung auf alternative Brennstoffe zu erwarten; d. h. die Stromerzeugung aus flüssigen Biokraftstoffen wird potenziell immer mehr vom Markt verschwinden. Deshalb wird diese Option nachfolgend nicht weiter adressiert.

3.4.1 Biogene Festbrennstoffe

Das vorliegende Kapitel stellt den aktuellen Stand sowie die Entwicklungsperspektiven einer Bereitstellung elektrischer Energie und der in Kraft-Wärme-Kopplung (KWK) erzeugten thermischen Energie auf Basis biogener Festbrennstoffe dar [91]. Die Untersuchung umfasst hierbei (Heiz)-Kraftwerke (HKW) sowie Kraft-Wärme-Kopplungs-Anlagen, die mit fester Biomasse unter Einschluss biogener Abfallfraktionen wie Altholz unterschiedlicher Klassen, organischen Siedlungsabfällen und Klärschlämmen beschickt werden. Das technologische Spektrum der betrachteten Konversionssysteme erstreckt sich von „klassischen" Rostfeuerungsanlagen über innovative thermochemische Vergasungssysteme mit motorischer Gasnutzung bis hin zu Organic-Rankine-Cycle-Anlagen (ORC), Stirling-Systemen und Dampfmotoren. Im Sinne der konsistenten Datenbasis werden die Anlagen als Einheiten definiert, die gemäß den Klassifizierungen des Marktstammdatenregisters [110] sowie des EEG-Anlagenschlüssels als zusammenhängende, operative Energieproduktionsstätten geführt werden.

Stand

Insgesamt lässt sich eine bemerkenswerte Konstanz in diesem Sektor im Vergleich zu den Vorjahren feststellen [42]. Rund 805 Biomasse-(Heiz-)Kraftwerke befinden sich derzeit in einem aktiven Netzbetrieb; dies entspricht einem moderaten Zuwachs gegenüber dem Vorjahr (795 Einheiten im Jahr 2024). Die strukturelle Zusammensetzung des Anlagenparks zeigt die technologische Polarisierung zwischen vielen Holzvergaser-BHKW mit jeweils geringer Leistung und wenigen (Heiz-)Kraftwerken großer Leistung. Den quantitativ größten Anteil der derzeit betriebenen Anlagen bilden mit 425 Einheiten die dezentralen Holz-Gaserzeugungsanlagen mit angeschlossenem BHKW auf Basis von Holzhackschnitzeln oder Holzpellets [110]. Im Unterschied dazu verteilt sich die installierte Gesamtleistung primär auf eine kleinere Anzahl von Dampf-Heizkraftwerken sowie hochspezialisierten Anlagen der Zellstoff- und Papierindustrie, welche Koppelprodukte wie Schwarzlauge zu Strom und gekoppelter Prozesswärme umwandeln. Daneben gibt es noch vereinzelte ORC-Anlagen, die mit überschaubarem elektrischen Wirkungsgrad Strom bereitstellen und dazu noch Niedertemperaturwärme z. B. für Trocknungsprozesse auskoppeln.

Die Bruttostromerzeugung aus fester Biomasse (exklusive des biogenen Anteils von Abfällen, aber inklusive Klärschlamm) verzeichnete im Jahr 2025 mit 10,1 TWh / 36,4 PJ einen weiteren Rückgang (10,3 TWh / 37,1 PJ in 2024; 10,5 TWh / 37,8 PJ in 2023). Dieser Rückgang im Vergleich zum Vorjahr zeigt die zunehmende Konsolidierung dieses Sektors unter den veränderten regulatorischen Vorzeichen des EEG 2023 und der zunehmenden Anzahl an Anlagen, die das Ende der 20-jährigen Vergütungszeit erreichen. Interessanterweise verhält sich die zugehörige installierte Leistung jedoch konträr zur bereitgestellten elektrischen Energie. Durch gezielte Nachrüstungen (Repowering), Effizienzsteigerungen im Bestand und die Inbetriebnahme neuer Einheiten stieg diese auf 1,66 GW im Jahr 2025 (1,62 GW im Jahr 2024) an ([111]; Tabelle 3.5; Abb. 3.4). Hinzu kommt eine Strombereitstellung aus

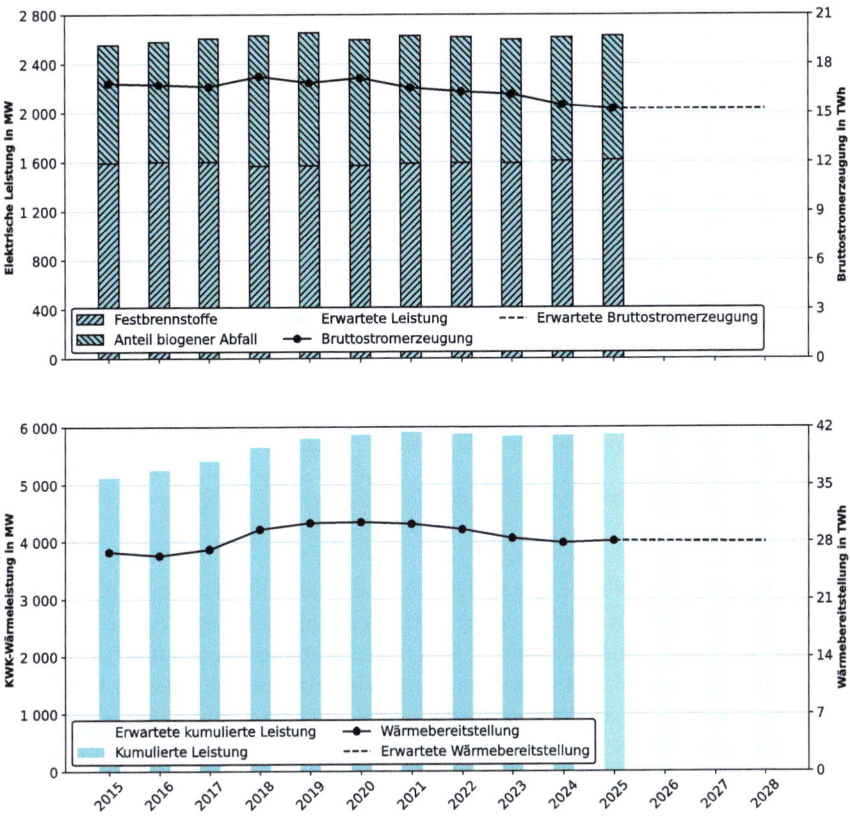

Abb. 3.4 Stand und Entwicklung der Nutzung biogener Festbrennstoffe zur Stromerzeugung (einschließlich KWK) sowie der Wärmebereitstellung mittels KWK ([42], eigene Abschätzungen).

dem biogenen Anteil des Abfalls in Müllheizkraftwerken von 5,4 TWh / 19,2 PJ in 2025 ([42]).

Im Jahr 2025 konnten durch hocheffiziente KWK-Prozesse (exklusive biogener Abfallfraktionen) 13,7 TWh / 49,4 PJ thermische Energie bereitgestellt werden. Unter Einbeziehung der biogenen Abfallfraktionen ergibt sich eine Gesamtwärmebereitstellung von 28,1 TWh / 101,2 PJ (Tabelle 3.5, [42]). Aktuelle Erhebungen zeigen, dass etwa 43 % der generierten Wärme in die externe Nutzung fließen; dabei stellt Prozesswärme mit einem prognostizierten Anteil von 57 % für das Jahr 2026 eine zentrale Säule der industriellen Dekarbonisierung dar [112]. Dabei dominieren die Beheizung kommunaler Gebäude über entsprechende Nahwärmenetze sowie die Bereitstellung von Hochtemperaturwärme für industrielle Prozesse (u. a. Trocknung).

Auch die Analyse der Hauptbrennstoffe (Tabelle 3.6) folgt der grundsätzlichen Dualität des Anlagenparks. Während über 52 % der Anlagen, vornehmlich dezentrale Einheiten im kleinen Leistungssegment, Holzhackschnitzel einsetzen [110], kon-

Tabelle 3.5 Stromerzeugung (alle Anlagen) und Wärmebereitstellung (KWK-fähige Anlagen) durch biogene Festbrennstoffe (Bruttostr. Bruttostromerzeugung) ([111].

	2015	2020	2023	2024	2025
Elektrische Leistung in GW[1]	1,59	1,57	1,59	1,62	1,66
Bruttostromerzeugung in TWh[2]	11,0	11,3	10,5	10,3	10,1
Bruttostr. biogener Abfallanteil in TWh	5,8	5,8	5,7	5,5	5,4
Wärmebereitstellung aus KWK in TWh[3]	26,7	30,4	28,4	28,5	28,1
Wärmebereitstellung aus KWK in PJ	96,2	109,4	102,3	102,7	101,2
Anteil an regenerativem Strom[4] in %	8,8	6,8	5,9	5,5	5,3
Anteil an regenerativer Wärme[4] in %	16,2	17,2	15,2	14,5	13,4

[1] Installierte Netto-Leistung ohne biogenen Abfallanteil gemäß MaStR-Definition
[2] Bruttostromerzeugung exklusive biogenem Anteil aus Abfällen, aber inklusive Klärschlamm
[3] Gesamte KWK-Wärmeauskopplung inklusive industrieller Prozesswärme und Abfallfraktionen
[4] Einschließlich biogener Anteil des Abfalls

zentriert sich die installierte Gesamtleistung auf eine kleine Gruppe von Systemen mit hoher installierter Anlagenleistung. Lediglich rund 12,4 % des Anlagenbestands repräsentieren zusammengenommen 53,9 % der installierten elektrischen Kapazität [42]. Diese Großanlagen verwerten primär Altholz unterschiedlicher Kategorien in einem industriellen Maßstab sowie Schwarzlaugen (bei den in der entsprechenden Industrie betriebenen Anlagen) und bilden damit das Rückgrat der auf biogenen Festbrennstoffen basierenden Strom- und Wärmebereitstellung in Deutschland [112]. Diese Anlagenverteilung unterstreicht die Notwendigkeit differenzierter Förder- und Marktstrategien gemäß den Leitplanken des EEG 2023 [91], die sowohl die dezentrale Resilienz der 425 Holzvergaser-Standorte als auch die industrielle Skalierbarkeit der Großanlagen adressieren.

Während die „klassische" Netzeinspeisung im starren EEG-Vergütungssystem sukzessive zurückgeht, gewinnen die sonstige Direktvermarktung sowie Power Purchase Agreements (PPAs) stark an Relevanz [112]. Die Anlagenbetreiber reagieren auf die zunehmende Volatilität der Strommärkte und optimieren ihre Fahrweise immer mehr in Richtung einer systemdienlichen, flexiblen Einspeisung [91].

Im makroökonomischen Kontext der erneuerbaren Energien sank der relative Anteil biogener Festbrennstoffe an der installierten elektrischen Gesamtleistung im Jahr 2025 auf ca. 0,7 %. Diese relative Marginalisierung ist jedoch weniger einem absoluten Rückgang des Sektors geschuldet, sondern vielmehr der starken Ausbaudynamik bei der Solarenergie- und Windenergienutzung [42]. Die kumulierte elektrische Leistung der betrachteten Stromerzeugungsanlagen, unter Einschluss von Altholz und von Schwarzlaugen, stabilisierte sich leicht ansteigend bei 2 038 MW ([110]; Tabelle 3.6). Die Dynamik im Neuanlagensegment bleibt trotz regulatorischer Hürden intakt: Laut Marktstammdatenregister wurden im Jahr 2025 insgesamt 38 Neuanlagen mit einer kumulierten elektrischen Bruttoleistung von ca. 35 MW in Betrieb genommen [110].

Der Beitrag fester Biomasse zur gesamten Bruttostromerzeugung aus erneuerbaren Energien sank im Jahr 2025 auf 3,5 % [42]. Dieser Trend dokumentiert den Wandel der Biomasse von einer quantitativen Säule der Stromerzeugung hin zu einer qualitativen Residuallast-Option. Die kumulierte Stromerzeugung aus Biomasse, einschließlich der 5,4 TWh / 19,3 PJ aus dem biogenen Abfallanteil, summierte sich im Jahr 2025 auf insgesamt 15,5 TWh / 55,7 PJ [42].

Tabelle 3.6 Verteilung der Hauptbrennstoffe nach Anlageneinheiten (Nettoleist. Nettoleistung; Bruttoleist. Bruttoleistung; %-Vert. Prozentuale Verteilung; Sonst. feste biog. Stoffe Sonstige feste biogene Stoffe) (Daten nach [92].

Art des Brennstoffs	Einheiten Anzahl	Elektrische Nettoleist. in MW	Elektrische Bruttoleist. in MW	%-Vert. nach Leistung	%-Vert. nach Anlagen
Altholz	92	754,7	815,5	40,0	11,4
Stamm- und Rundholz	31	65,9	70,2	3,4	3,9
Laugen	8	265,6	282,9	13,9	1,0
Pellets (Holz, Stroh)	52	33,6	35,1	1,7	6,5
Holzhackschnitzel	425	309,0	320,2	15,7	52,8
Holzreste und -späne	112	224,8	235,5	11,6	13,9
Sonst. feste biog. Stoffe	85	260,4	278,6	13,7	10,5
Gesamt	805	1 914	2 038	100	100

Perspektiven

Für das Jahr 2026 wird mit einer Fortsetzung der bisherigen Marktstagnation gerechnet. Aufgrund der reduzierten Ausschreibungsvolumina im EEG 2023 und dem Auslaufen der ersten Vergütungsperioden für Bestandsanlagen rückt die außer-EEG-basierte Vermarktung in den Fokus. Damit ist ein signifikanter Kapazitätszubau unter den aktuellen regulatorischen Rahmenbedingungen nicht zu erwarten. Vielmehr ist mit einer weiteren Flexibilisierung des Betriebs zu rechnen, um adäquat auf volatile Strompreise reagieren zu können. Unter Beachtung der bisherigen Entwicklungen und der bestehenden gesetzlichen Bedingungen zeichnet sich ab, dass die im Rahmen des EEG aus Biomasse insgesamt erzeugte Strommenge bis 2030 sukzessive weiter zurückgehen wird, sofern keine neuen Anreize für die stoffliche und energetische Koppelnutzung (Kaskadennutzung) geschaffen werden. Die strategische Bedeutung der biogenen Festbrennstoffe verschiebt sich dabei zunehmend von der Grundlastabdeckung hin zur Bereitstellung steuerbarer Residuallast und gekoppelter hochkalorischer Prozesswärme.

3.4.2 Biogene Gase

Der aktuelle Stand und die Analyse der sich abzeichnenden Perspektiven der Stromerzeugung aus biogenen Gasen (d. h. Biogas, Biomethan, Klärgas und Deponiegas) in Deutschland wird nachfolgend dargestellt (Abb. 3.5). Biogase entstehen durch biologische Abbauprozesse (anaerobe Vergärung) organischer Substanzen in einem sehr feuchten / wässrigen und Sauerstoff-freien Milieu. Diese biogenen Gase bestehen überwiegend aus Methan und Kohlenstoffdioxid; die jeweilige Zusammensetzung kann je nach Art der Einsatzstoffe stark variieren. Biogas ist dabei ein Oberbegriff; je nach eingesetztem Substrat wird auch von Klärgas (Substrat: Klärschlämme aus der Abwasserbehandlung) und Deponiegas (Substrat: abgelagerte organische Substanzen auf Deponien) gesprochen. Methan als der einzige signifikante brennbare Anteil im Biogas (typischer Anteil 50 bis 60 %) wird bisher überwiegend vor Ort in KWK-Anlagen zur gekoppelten Strom- und Wärmeerzeugung eingesetzt. Darüber hinaus kann Biogas auch auf Erdgasqualität aufbereitet und ins Gasnetz als Austauschgas eingespeist werden. Zur Einhaltung der Erdgas(netz)spezifikationen erfordert dies eine Abtrennung des Kohlenstoffdioxids; dafür kommen u. a. chemische Wäschen oder physikalische Trennverfahren zum Einsatz. Durch eine anschließende Kompression oder / und Verflüssigung des dadurch produzierten Biomethans können analog der fossilen Kraftstoffe (u. a. CNG (Compressed Natural Gas) oder LNG (Liquefied Natural Gas)) vergleichbare biogene Kraftstoffe bereitgestellt werden. Das bei der Trennung entstehende CO_2 liegt häufig in Nahrungsmittelqualität vor und kann entsprechend vermarktet werden [113].

Stand

Ende 2025 betrug die elektrische Leistung von Anlagen zur Erzeugung biogener Gase (d. h. Biogas, Biomethan sowie Klär- und Deponiegas) in Deutschland insgesamt rund 7,87 GW. Ihr Anteil an der Stromerzeugung aus regenerativen Energien umfasst rund 11 % der insgesamt realisierten Bruttostromerzeugung aus erneuerbaren Energien. Dabei ist die Stromerzeugung aus biogenen Gasen mit 32,2 TWh / 115,9 PJ Strom (33,8 TWh / 121,7 PJ im Jahr 2024) leicht rückläufig. Der Großteil dieser Bereitstellung elektrischer Energie wird dabei durch „klassische" Biogasanlagen realisiert, die im Jahr 2025 mit 6,67 GW installierter elektrischer Anlagenleistung 27,8 TWh / 100,1 PJ Strom erzeugten [42].

Im Jahr 2025 wurde eine höhere Stilllegung an Anlagen als in den Vorjahren registriert. Unter Berücksichtigung von Anlagenstilllegungen und Außerbetriebnahmen wird nach Einschätzung des DBFZ für das Jahr 2025 von rund 8 500 Biogasproduktionsanlagen (einschließlich Aufbereitungsanlagen für Biomethan) auszugehen sein.

Abb. 3.5 zeigt die Entwicklung der entsprechenden Anlagenzahlen, der installierten Leistung und der Bruttostromerzeugung aus Biogas und Biomethan (ohne Klär- und Deponiegas) [42].

Die installierte elektrische Anlagenleistung des in Betrieb befindlichen Anlagenbestandes an Biogasanlagen (einschließlich Biomethan) umfasste im Jahr 2025

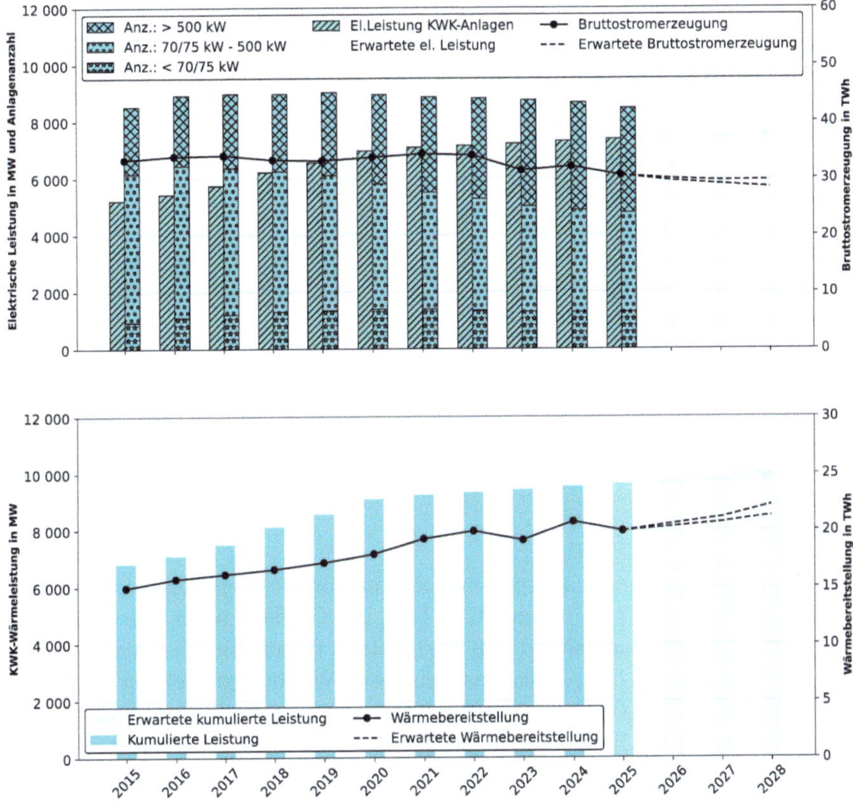

Abb. 3.5 Stand und Entwicklung der Nutzung biogener Gase zur Stromerzeugung (einschließlich KWK) sowie der Wärmebereitstellung mittels KWK (Anz. Anzahl; el. elektrische) ([42], eigene Abschätzungen).

insgesamt 7,37 GW (inklusive der installierten elektrischen Leistung für die Flexibilisierung der Stromerzeugung). Trotz der rückläufigen Anlagenanzahlen lag der Netto-Zubau im Jahr 2025 bei rund 70 MW elektrischer Leistung; dabei entfällt der Großteil des elektrischen Leistungszubaus auf Leistungserweiterungen für die Flexibilisierung der Anlagen (d. h. Kapazitätserweiterungen ohne Gasmehrertrag zur Flexibilisierung der Stromerzeugung).

Hinzu kommt noch die elektrische Anlagenleistung der stromerzeugenden Anlagen mit Klär- und Deponiegasnutzung, die rund 0,5 GW umfasst (Nennleistung der Deponiegas-Anlagen mit 128 MW und der Klärgas-Anlagen mit 369 MW [42]). Insgesamt waren damit im Jahr 2025 rund 7,87 GW an installierter elektrischer Leistung zur Verstromung biogener Gase in Deutschland in Betrieb und am Netz (7,8 GW im Jahr 2024).

Die aus gasförmiger Biomasse (Biogas, Biomethan sowie Klär- und Deponiegas) insgesamt realisierte Bruttostromerzeugung lag im Jahr 2025 bei rund 32,2 TWh /

Tabelle 3.7 Stromerzeugung (alle Anlagen) und Wärmebereitstellung (KWK-fähige Anlagen) mithilfe biogener Gase ([42].

	2015	2020	2023	2024	2025
Elektrische Leistung in GW	5,6	7,5	7,7	7,8	7,9
Bruttostromerzeugung aus Biogas in TWh[1]	31,9	32,5	30,0	31,0	29,5
Bruttostromerzeugung aus Biomethan in TWh	3,2	3,1	3,1	2,8	2,7
Wärmebereitstellung aus KWK[1] in TWh	17,7	21,0	22,3	23,1	22,3
Wärmebereitstellung aus KWK[1] in PJ	63,7	75,7	80,1	83,3	80,4
Anteil an regenerativem Strom[2] in %	18,4	14,0	12,0	11,7	11,1
Anteil an regenerativer Wärme[2] in %	10,1	11,9	11,9	11,7	10,6

[1] Inklusive Klärgas und Deponiegas.

[2] Holzgas als Produkt einer thermo-chemischen Umsetzung von Holz wird hier nicht betrachtet, da die energetische Nutzung bisher in fast allen Fällen im engen räumlichen Zusammenhang zwischen Gaserzeugungseinheit und Nutzungseinheit (meist BHKW) erfolgt und somit auch in der bisherigen rechtlichen Bewertung der Festbrennstoffnutzung zugeordnet wird.

115,9 PJ; sie verzeichnet damit gegenüber dem Vorjahr einen Rückgang um etwa 5 % (33,8 TWh / 121,7 PJ im Jahr 2024) [42]. Der Großteil dieser Stromerzeugung resultiert dabei mit knapp 86 % (27,8 TWh / 100,1 PJ) aus Biogasanlagen mit einer Vor-Ort-Verstromung. Die parallel dazu realisierte Wärmebereitstellung aus Biogas, Biomethan, Klär- und (sehr eingeschränkt) Deponiegas erreichte im Jahr 2025 rund 22,3 TWh / 80,3 PJ [42], während für das Jahr 2024 ein Wert von 23,1 TWh / 83,2 PJ erzielt wurde; etwa 19,9 TWh / 71,8 PJ dieser bereitgestellten Endenergie für Wärme und – deutlich eingeschränkter – Kälte gehen dabei auf den Einsatz von Biogas und Biomethan zurück (Tabelle 3.7) [42].

Klärgas wird überwiegend zur Stromerzeugung genutzt. Insgesamt wurden im Jahr 2025 wie in den Vorjahren rund 1,5 TWh / 5,4 PJ Strom aus Klärgas [42] erzeugt. Dabei wird der Großteil dieser elektrischen Energie auf den Kläranlagen eigengenutzt. Mit rund 91 GWh / 0,3 PJ Strom wurden im Jahr 2025 nur knapp 6 % der Klärgas-Stromerzeugung ins Netz der öffentlichen Versorgung eingespeist [114].

In Deponieanlagen entsteht Deponiegas aus den in der Vergangenheit abgelagerten organischen Stoffen. Aufgrund der Abfallgesetzgebung dürfen seit Jahren keine organikhaltigen Stoffe mehr deponiert werden (es dürfen nur inerte Stoffe abgelagert werden); das bedeutet, dass das aus den in der Vergangenheit deponierten Organikmengen resultierende Deponiegas seit Jahren kontinuierlich abnimmt. Im Jahr 2024 speisten 235 Deponiegasanlagen 179 GWh / 0,6 PJ an Strom ins Netz ein; im Jahr 2025 ging dieser Wert weiter auf 148 GWh / 0,5 PJ zurück [114].

Insgesamt dominieren landwirtschaftliche Biogasanlagen im Bereich der Vor-Ort-Verstromung den deutschen Biogasanlagenbestand, in denen überwiegend tierische Exkremente wie Gülle und Festmist sowie nachwachsende Rohstoffe (Anbaubiomasse) vergoren werden. Bezogen auf die Einsatzmengen waren im Jahr 2024 in den deutschen Biogasanlagen rund 48 % des Substratinputs tierische Exkremente (Gülle und Festmist) und der Anteil nachwachsender Rohstoffe machte etwa 43 % aus [115].

Daneben werden in geringen Anteilen organische Rückstände, Nebenprodukte und Abfälle aus Industrie, Gewerbe und Landwirtschaft (ca. 5 % der Inputstoffe) sowie kommunaler Bioabfall (etwa 4 % der Inputstoffe) eingesetzt. Bezogen auf die bereitgestellte Energiemenge verschiebt sich die Verteilung des Gesamtsubstrateinsatzes aufgrund höherer Gasausbeuten deutlich hin zu den nachwachsenden Rohstoffen; d. h. ca. 69 % der erzeugten Energie ist auf den Einsatz nachwachsender Rohstoffe / von Energiepflanzen zurückzuführen. Gülle und andere Exkremente tragen energetisch gesehen nur mit rund einem Sechstel zur Biogasproduktion in Deutschland bei. Der verbleibende Rest stammt aus kommunalen Bioabfällen und organischen Abfällen aus Gewerbe, Industrie und Landwirtschaft. Für 2025 sind keine wesentlichen Veränderungen dieser Verhältnisse zu erwarten.

Im Vergleich zur Biogasproduktion im landwirtschaftlichen Bereich spielt die Vergärung von Bioabfällen aus der getrennten Sammlung von Siedlungsabfällen und anderen organischen Abfällen aus Gewerbe, Industrie und Landwirtschaft eine untergeordnete Rolle. Die Zahl der in Deutschland betriebenen Abfallvergärungsanlagen stieg seit Jahren kontinuierlich an, aber insgesamt auf einem relativ geringen Niveau. Mit der Einführung einer gesonderten Vergütungskategorie für Vergärungsanlagen basierend auf kommunalen Bioabfällen im EEG 2012 wurden jährlich nur wenige Neuanlagen in Betrieb genommen. Mehr als die Hälfte dieser Anlagen wurde dabei als vorgeschaltete Vergärungsstufe in bestehende Kompostierungsanlagen integriert.

Im Jahr 2025 wurden keine neuen Bioabfallvergärungsanlagen registriert. Der Anlagenbestand umfasst über 150 Abfallvergärungsanlagen (Anteil Bioabfall > 90 % (massebezogen)) und rund 100 Kofermentationsanlagen (Anteil organischer Abfälle < 90 % (massebezogen)). Diese Vergärungsanlagen umfassen insgesamt somit Anlagen, in denen Bio- und Grünabfälle aus einer getrennten Abfallsammlung eingesetzt werden, aber auch Biogasanlagen, in denen gewerbliche, organische Abfälle (u. a. Lebensmittelabfälle, Speisereste aus Großküchen, Kantinen und der Gastronomie, Fette und Flotate), Abfälle aus der Nahrungsmittelindustrie oder sonstige organische Abfälle eingesetzt werden. Erwartet wird, dass vermehrt derartige Anlagen zur Bereitstellung von Biomethan umgerüstet werden bzw. Substratumstellungen mit Blick auf höhere Anteile an Abfällen, Rückständen und Nebenprodukten gelegt werden.

Derzeit werden etwa 10 % des produzierten Biogases in Deutschland zu Biomethan aufbereitet und in das Erdgasnetz eingespeist [116]. Ende 2025 sind nach Einschätzung des DBFZ 272 Biogasanlagen mit Aufbereitungstechnologien in Betrieb [117]. Der Großteil der erzeugten Biomethanmengen basiert auf Anbaubiomasse (energiebezogen ca. 70 %), wobei in den letzten Jahren der Anteil biogener Abfälle, Rückstände und Nebenprodukte sowie von Wirtschaftsdünger (Festmist, Gülle) für die Erzeugung von Biomethan steigt [118].

Der Einsatz von Biomethan in BHKW zur Strom- und Wärmeerzeugung nach dem EEG nimmt in den letzten Jahren stetig ab. Biomethan erzeugte im KWK-Bereich im Jahr 2024 insgesamt 2,8 TWh / 10,1 PJ Strom und 3,1 TWh / 11,2 PJ Wärme; im Jahr 2025 gingen diese Werte auf 2,7 TWh / 9,7 PJ Strom und 2,8 TWh / 10,1 PJ Wärme weiter zurück [42]. Dies ist vor allem auf eine stark gestiegene Nachfrage nach Biomethan im Mobilitätssektor, aber auch auf die Marktverwerfungen im Biomethanmarkt mit den extremen Preisschwankungen in den letzten Jahren zurückzuführen. Dadurch ist im Jahr 2025 die innerhalb des EEG vermarktete Biomethanmenge auf rund 53 % gesunken. Während der Wärmemarkt mit rund 7 % zum Absatz für Biomethan beitrug, ist die Kraftstoffnachfrage auf fast 34 % angestiegen. Der verbleibende Rest ging in den Export [119]; d. h. Abfall-basiertes Biogas / Biomethan wird zunehmend eine Option für den Kraftstoffmarkt. Während für den Absatz im KWK-Markt überwiegend Biomethan auf der Basis nachwachsender Rohstoffe eingesetzt wird, kommt im Kraftstoffmarkt vornehmlich Biomethan aus Abfällen, Rückständen und Nebenprodukten zum Einsatz [120].

Perspektiven

Für einen Großteil der Biogasanlagen endet in den nächsten Jahren die 20-jährige Laufzeit der EEG-Vergütung; deshalb gehen seit dem Jahr 2020 zunehmend Biogasanlagen außer Betrieb. Ob und wenn ja, unter welchen Rahmenbedingungen, der Anlagenbestand in den kommenden Jahren in einer Post-EEG-Ära weiterbetrieben werden kann, ist derzeit kaum belastbar abzuschätzen. Ein Teil der heute betriebenen Anlagen dürfte durch eine erfolgreiche Teilnahme an den Ausschreibungsverfahren für Biomasse potenziell weiterbetrieben werden können. Zudem könnte auch ein Teil der Anlagen auf eine Biomethanproduktion umgestellt und u. a. am Biokraftstoffmarkt oder am Biomethanhandel teilnehmen. Auch die Eigenversorgung mit Energie am Anlagenstandort kann eine Option sein, die sehr von der weiteren Entwicklung des Energiepreisniveaus beeinflusst wird. Generell dürfte der Anlagenbetrieb insbesondere bei landwirtschaftlichen Biogasanlagen zunehmend bedarfsorientiert erfolgen, da die Teilnahme an den EEG-Ausschreibungsverfahren die Flexibilisierung der Stromerzeugung aus Biogas erfordert. Die allgemeinen Biomasseausschreibungen in den letzten Ausschreibungsrunden waren deutlich überzeichnet, d. h. die Ausschreibungsvolumina sind geringer als die Gebotsmenge der Anlagen, die in die 2. Förderperiode bzw. Anschlussförderung gehen wollen.

Für den existierenden Biogasanlagenbestand wurde Ende 2024 eine weitere EEG-Novelle auf den Weg gebracht und Anfang 2025 im sogenannten Biomassepaket verabschiedet. Danach wurde das Ausschreibungsvolumen insbesondere in den Jahren 2025 und 2026 deutlich erhöht. Das auszuschreibende Volumen für Biomasse-Anlagen umfasste für 2025 demnach 1 300 MW und für 2026 1 126 MW. Hinzu kommt jeweils das nicht-bezuschlagte Biomethan-Volumen aus dem Vorjahr. Bei den Ausschreibungen werden zudem Anlagen bevorzugt, die an eine leitungsgebundene Wärmeversorgungseinrichtung angeschlossen sind. Um die nachfragegerechte Strombereitstellung weiter zu stärken, wurde die Förderung für Biogasanlagen in den Betriebsstunden begrenzt und wird für Börsenstrompreise von 0,02 €/kWh und weniger ausgesetzt [121]. Auf diese Weise soll angereizt werden, dass die Anlagen nur bei hoher Nachfrage bzw. hohen Strompreisen einspeisen und im Gegenzug die Stromeinspeisung zugunsten der volatilen erneuerbaren Energien (Windenergie, Solarenergie) in Zeiten niedriger Strompreise reduzieren. Die Einspeisung von Strom aus Biogas wird nur für 11 680 Betriebsviertelstunden eines Jahres gewährt, was etwa einem Drittel der Jahresstunden entspricht (mit sinkenden Förderstunden). Um die erhöhten Flexibilitätsanforderungen auszugleichen, wurde der Flexibilitätszuschlag im Rahmen des Biomasse-Paketes von 65 auf 100 €/kW angehoben. Die Dauer der Anschlussförderung wird von 10 auf 12 Jahre erhöht.

Im Jahr 2026 ist eine weitere Novellierung des EEG vorgesehen. Der Gesetzesentwurf sieht einen Ausschreibungshorizont bis 2032 (statt 2028) vor. Wesentlicher Punkt wird die Festlegung der Höhe der Ausschreibungsvolumina sein, die sich auf die installierte Anlagenleistung bezieht und mit zunehmendem Überbauungsgrad der Anlagen höher ausfallen muss, wenn der Großteil der Anlagen an den Ausschreibungen partizipieren sollte. Nach dem aktuellen Gesetzesentwurf sollen für Biomasse jährlich 500 MW installierte Leistung ausgeschrieben werden, während für Biomethan 600 MW pro Jahr vorgesehen sind. Mit der separaten Ausschreibung für neue hochflexible Biomethananlagen im EEG ist die förderfähige Stromeinspeisung für maximal 10 % der Jahresstunden begrenzt, um stärker auf hochflexible Spitzenlastkraftwerke zu fokussieren. Die Ausschreibungen für neue hochflexible Biomethan-BHKW wurden in den letzten Jahren aufgrund der Marktverwerfungen im Biomethan-Bereich jedoch nicht bedient. Für die Ausschreibungen im April 2026 hat die Bundesnetzagentur den Höchstvergütungssatz für Biomethan um 10 % angehoben (von 0,2103 auf 0,2313 €/kWh elektrischer Energie). Für die Verstromung in derartigen hochflexiblen Biomethan-Verstromungs-(KWK)Anlagen wird davon ausgegangen, dass mittelfristig Biomethan auf Basis von Anbaubiomasse eingesetzt wird [120]. Abfallbasiertes Biomethan wird aufgrund der lukrativeren THG-Quote voraussichtlich stärker im Verkehrssektor zum Einsatz kommen.

Die Einspeisung von Strom aus Klärgas wird aufgrund der primären Deckung des Eigenbedarfs der Kläranlagen kontinuierlich zurückgehen. Analog zu den Vorjahren wird die Verstromung von Deponiegas aufgrund des Ablagerungsverbotes organischer Abfälle ebenfalls weiter sinken. Die sich daraus ergebenden potenziellen Entwicklungen zeigt Abb. 3.5.

Vor dem Hintergrund der aktuellen Regelungen des EEG ist über den Anlagenbestand und die Neubauaktivität über die Ausschreibungen in den vergangenen Jahren keine weitere nennenswerte Steigerung der Stromerzeugung aus Biogas zu erwarten. Neben den Anpassungen der Ausschreibungsvolumina in Verbindung mit Anreizen für einen flexiblen Anlagenbetrieb und dem Ausbau sinnvoller Wärmenutzungskonzepte sind weitergehende Anreize notwendig, um den Anteil biogener Gase deutlich zu erhöhen und damit zugleich die Versorgungssicherheit mit heimischem Biogas und Biomethan zu gewährleisten. In Diskussion ist die Einführung einer Grüngasquote. So hat die Bundesregierung eine Umstrukturierung im Heizungsgesetz angekündigt, indem eine verpflichtende Grüngasquote die bisherigen Regelungen für neue Gasheizungen ersetzen soll; d. h. im Rahmen des neuen Gebäude-Modernisierungsgesetzes (GMG) ist eine Quote für Grüngas und Grünheizöl geplant [49]. Laut Eckpunkten vom Februar 2026 sollen Inverkehrbringer ab 2028 zu einem Anteil von zunächst bis zu 1 % erneuerbaren Brennstoffen (u. a. Biomethan, Wasserstoffderivate) verpflichtet werden, der in der Folge ansteigt [122]. Das Gesetzesvorhaben wird im weiteren Verlauf des Jahres 2026 weiter konkretisiert und soll Mitte 2026 in Kraft treten. Für den Wärmesektor könnten sich für den Einsatz von Biomethan demnach neue Chancen ergeben. Die zukünftigen Potenziale hängen in erster Linie davon ab, ob und wie der heutige Anlagenbestand erhalten bleibt, welche Biogasanlagen zu Biomethan-Aufbereitungsanlagen umgerüstet werden und inwiefern Anreize für den Neubau von Anlagen gesetzt werden.

Angesichts der angestrebten Klimaneutralität in der EU bis 2045 und der geforderten Defossilisierung der Industriesektoren wird die Produktion von Biogas und Biomethan mit anschließender CO_2-Abscheidung und -Verwertung in Zukunft potenziell weiter zunehmen. So dürften biogene CO_2-Quellen, wie z. B. aus Biogas- und Biomethananlagen, zunehmend nachgefragt werden [113].

3.5 Tiefe Geothermie (einschl. KWK)

Nachfolgend werden der aktuelle Stand und die Perspektiven der Stromerzeugung aus tiefer Geothermie in Deutschland dargestellt. Darunter wird hier eine Verstromung der erschließbaren Wärmeenergie aus Tiefen von deutlich über 400 m unter der Geländeoberkante mittels eines Wärme-Kraft-Prozesses verstanden [123].

Stand

Abb. 3.6 zeigt die Entwicklung der Stromerzeugungsleistung und der Bruttostromerzeugung der tiefen Geothermie in Deutschland. Dabei wird zwischen Anlagen mit Kraft-Wärme-Kopplung (KWK) und Anlagen, die ausschließlich Strom erzeugen, unterschieden. Im Jahr 2025 waren insgesamt 11 Anlagen in Betrieb, wobei eine ausschließliche Stromerzeugung lediglich an zwei Standorten (Insheim in Rheinland-Pfalz und Dürrnhaar in Bayern) realisiert wurde [125, 128].

Obwohl sich die Stromerzeugung aus tiefer Geothermie in Deutschland insgesamt nur sehr verhalten entwickelt hat, ist über mehrere Jahre hinweg ein kontinuierlicher Anstieg der installierten elektrischen Leistung zu beobachten. Diese erhöhte sich von rund 33 MW im Jahr 2015 auf etwa 47 MW im Jahr 2024. Für das Jahr 2025 zeigt sich ein leichter Rückgang auf ungefähr 46 MW. Rund 80 % der installierten elektrischen Leistung entfallen dabei auf KWK-fähige Anlagen. Insgesamt trägt die tiefe Geothermie jedoch nur in einem sehr geringen Maße zur Bruttostromerzeugung aus erneuerbaren Energien in Deutschland bei. Im Jahr 2025 lag die Bruttostromerzeugung aus tiefer Geothermie bei etwa 200 GWh / 0,7 PJ; dies entspricht rund 0,07 % der gesamten Stromerzeugung aus erneuerbaren Energien in Deutschland (Tabelle 3.8; [126]).

Die installierte Wärmeleistung in KWK-fähigen Anlagen wurde seit dem Jahr 2015 von etwa 113 auf rund 155 MW im Jahr 2025 gesteigert und erhöhte sich damit in diesem Zeitraum um rund 37 %. Die tatsächlich bereitgestellte Wärmemenge aus diesen Anlagen lag im Jahr 2025 bei etwa 320 GWh / 1,2 PJ. Das Verhältnis von installierter Wärmeleistung zu installierter elektrischer Leistung in KWK-fähigen Anlagen betrug im Jahr 2025 rund 4 zu 1; d. h., es wurde in diesem Anlagenpark weitaus mehr Energie in Form von thermischer Energie als in Form von elektrischer Energie bereitgestellt.

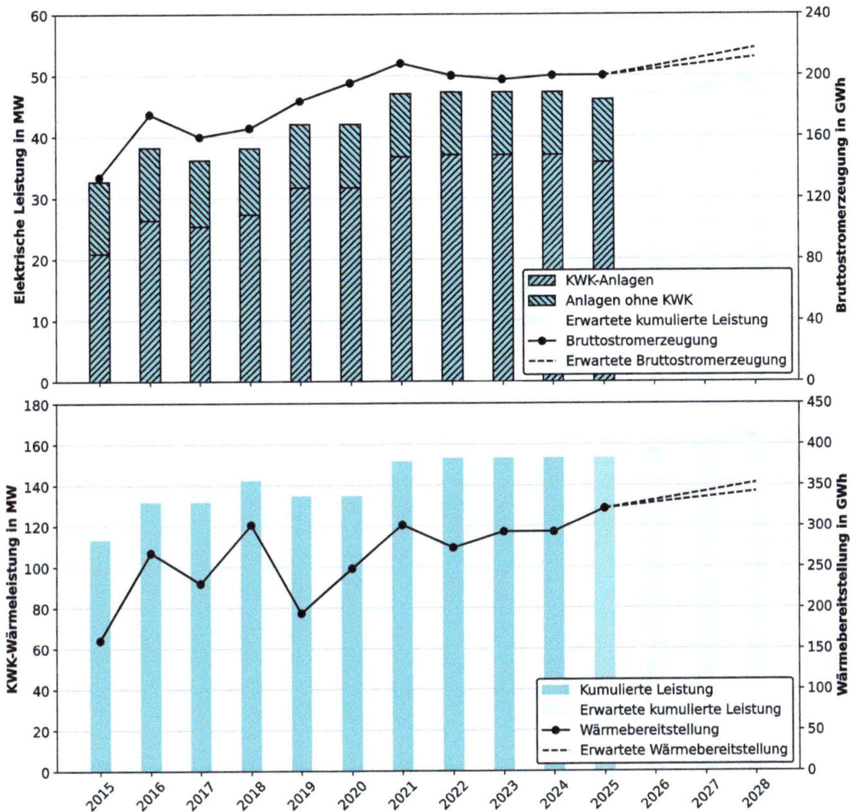

Abb. 3.6 Stand und Entwicklung der Nutzung der tiefen Geothermie zur Stromerzeugung (einschließlich KWK) sowie zur Wärmebereitstellung mittels KWK [124–129].

Tabelle 3.8 Stromerzeugung (alle Anlagen) und Wärmebereitstellung (KWK-fähige Anlagen) durch tiefe Geothermie [34, 124, 126–128] (* Abschätzung nach [129] für die Wärmebereitstellung).

	2015	2020	2023	2024	2025*
Leistung in MW	32,7	42,0	47,3	47,3	46,1
Bruttostromerzeugung in GWh	133,6	195,2	197,4	200,0	200,0
Wärmebereitstellung aus KWK in GWh	160,3	248,2	292,9	292,9	321,8
Wärmebereitstellung aus KWK in PJ	0,6	0,9	1,1	1,1	1,2
Anteil an regenerativem Strom in %	0,1	0,1	0,1	0,1	0,1
Anteil an regenerativer Wärme in %	0,1	0,1	0,2	0,2	0,2

Perspektiven

Der Trend eines leichten Wachstums der Anlagenzahlen, die tiefe Geothermie zur Stromproduktion nutzen, wird sich vermutlich auch in den nächsten Jahren fortsetzen; für den Zeitraum von 2026 bis 2030 wird ein jährliches Wachstum von ca. 2,6 %/a erwartet [130]. Jedoch existiert kein konkretes Ausbauziel für die Stromerzeugung aus tiefer Geothermie von Seiten der Bundesregierung. Im EEG wurde aber festgelegt, dass die Degression der Vergütung, welche derzeit bei jährlich 0,5 % des anzulegenden Werts von 0,252 €/kWh liegt, ab einer installierten elektrischen Leistung von 120 MW auf 2 % ansteigt [91]; diese Degressionsregel impliziert somit ein erwartetes Wachstum in der tiefen Geothermie in Deutschland. Gemessen an der gesamten elektrischen Leistung und der daraus resultierenden Stromerzeugung von Anlagen zur Nutzung erneuerbarer Energien ist aber abzusehen, dass die tiefe Geothermie auch weiterhin nur eine sehr untergeordnete Bedeutung spielen wird.

Kapitel 4
Wärmebereitstellung aus erneuerbaren Energien

Sina Barthel*, Jaqueline Daniel-Gromke, Velina Denysenko, Chris Drawer, Laura Garcia Laverde, Volker Lenz, Lara Elif Mazlum, Felix Mendler, Martin Kaltschmitt, Nadja Rensberg, Jana Schultz

Im folgenden Kapitel wird ein Überblick über die wichtigsten Optionen zur Bereitstellung von Wärme aus erneuerbaren Energien gegeben. Die dominierende Technologie ist dabei die Biomassenutzung – und hier insbesondere die Nutzung von biogenen Festbrennstoffen. In den vergangenen Jahren stieg zudem der Anteil der Umweltwärmenutzung (d. h. Wärmepumpenapplikation) deutlich an – und das mit einem anhaltendem Trend. Weniger relevante Technologien sind die Solarthermie sowie die tiefe Geothermie; bei letzterer ist aufgrund einer signifikanten Anzahl an in der Diskussion befindlichen und neu geplanten Anlagen ein steigender Beitrag zur Wärmebereitstellung zu erwarten, wenn auch – im Kontext des gesamten Energiesystems – auf einem vergleichsweise geringen Niveau.

4.1 Biomasse

Wärme aus Biomasse kann auf unterschiedliche Art bereitgestellt werden. „Klassisch" und am weitesten verbreitet ist die Nutzung biogener Festbrennstoffe in Klein- und Großfeuerungsanlagen; letztere werden z. T. in Kraft-Wärme-Kopplung (KWK) (siehe oben) betrieben und die Wärme über Nah- und Fernwärmenetze verteilt. Hinzu kommt die Nutzung der KWK-Wärme aus einer Biogasverstromung (siehe oben), mit der die Verbraucher meist über entsprechende Nahwärmenetze versorgt werden. Technisch ist auch ein Einsatz von Biomethan in Erdgasthermen möglich und wird faktisch durch die Einspeisung von Biomethan ins Erdgasnetz bereits mit geringen Anteilen realisiert. Daneben ist auch eine Wärmeversorgung mittels flüssiger Bioenergieträger wie z. B. Biodiesel oder Bioethanol technisch möglich. Aufgrund einer quotenbasierten Anreizsetzung im Kraftstoffbereich (siehe unten) sind und bleiben die Anteile derartiger flüssiger Bioenergieträger für den Einsatz zur direkten Wärmebereitstellung niedrig.

---

* Autoren in alphabetischer Reihenfolge.

Derzeit werden Flüssigbioenergieträger nur extrem vereinzelt zu 100 % in Heizanlagen eingesetzt. Der Markt bietet jedoch – in einem sehr begrenzten Umfang – „ökologische" Heizölprodukte mit einer Zumischung von biogenen flüssigen Energieträgern von 5 bis 10 % (technisch maximal 20 %) an. Ausgehend von einer statistisch ausgewiesenen Wärmemenge aus biogenen flüssigen Brennstoffen für Wärme und Kälte von 2,5 TWh / 9,1 PJ bezogen auf das Jahr 2023 kam es zu einem vergleichsweise deutlichen Rückgang des Einsatzes auf 2,2 TWh / 7,9 PJ für das Jahr 2024 und einem leichten Wiederanstieg für das Jahr 2025 auf 2,3 TWh / 8,4 PJ; dabei ist in dieser Menge aus statistischen Gründen auch der motorische Verbrauch der Land- und Forstwirtschaft sowie des Militärs erfasst. Mit einer KWK-Wärmemenge aus den im Jahr 2025 betriebenen BHKW für biogene flüssige Kraftstoffe von etwa 0,1 TWh / 0,3 PJ und einem angenommenen Anteil von 7 % an Biokraftstoffen am Kraftstoffverbrauch der Land- und Forstwirtschaft verbleiben etwa 1,0 TWh / 3,6 PJ an biogenen flüssigen Brennstoffen, die direkt zur Wärmebereitstellung aus erneuerbaren Energien beitragen. Dies entspricht einem Anteil von 5 ‰ an der Wärmebereitstellung aus erneuerbaren Energien und bewegt sich damit auf einem ähnlich geringen Niveau wie im Vorjahr ([42], eigene Berechnungen). Perspektivisch dürfte die Nachfrage nach flüssigen Bioenergieträgern im Verkehrsbereich und auch im Bereich der stofflichen Nutzung im Zuge weitergehender Klimaschutzbemühungen eher zunehmen, so dass die Marktpreise sich tendenziell – auch im Zuge der allgemeinen Nachhaltigkeitsdiskussionen – eher erhöhen dürften. Die angekündigten Änderungen im Gebäudeenergiegesetz (zum Gebäudemodernisierungsgesetz) dürften in 2026 noch nicht spürbar wirksam werden. Daher ist derzeit von einem weiterhin sehr niedrigen Stand des Nachfrageniveaus bei möglicherweise leichter Zunahme ab 2028 auszugehen. Bis zum Jahr 2028 ist bei einer dann installierten KWK-Leistung von 0,15 bis 0,2 GW und einer schwer bestimmbaren Kesselleistung maximal 1,5 GW an (anteiliger) thermischer Leistung denkbar, mit der dann 2,2 bis 2,7 TWh / 7,9 bis 9,7 PJ an Wärme bereitgestellt werden könnten. Aufgrund dieser sehr geringen energiewirtschaftlichen Bedeutung wird diese Wärmebereitstellungsoption nachfolgend auch nicht weitergehend adressiert.

4.1.1 Biogene Festbrennstoffe

Die thermische Nutzung biogener Feststoffe trug auch im Berichtsjahr 2025 sowie im laufenden ersten Quartal 2026 am meisten zur Deckung der Wärmenachfrage aus erneuerbaren Energien in Deutschland bei. In einem zunehmend volatilen Energiemarkt können diese Energieträger zur Resilienz beitragen [42]. Dabei ist die technologische Auslegung der Verbrennungssysteme in hohem Maße mit der physikalisch-chemischen Heterogenität der Brennstoffsortimente, hauptsächlich Scheitholz, Hackgut, Pellets sowie Waldrest- und Altholz, korreliert.

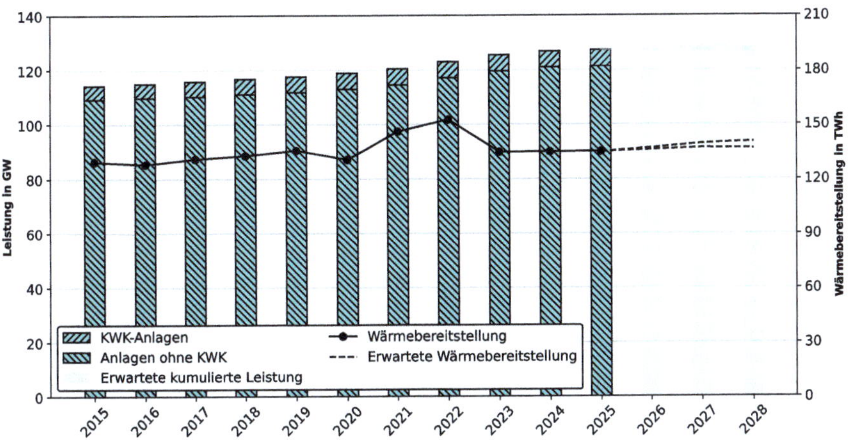

Abb. 4.1 Stand und Entwicklung der Nutzung der festen Biomasse zur Wärmebereitstellung ([42], eigene Berechnungen).

Stand

Im Jahr 2025 wurden insgesamt 136,2 TWh / 490,3 PJ (exklusive biogenem Anteil am Abfall) an Endenergie für Wärme und Kälte in Deutschland eingesetzt [42] (Abb. 4.1). Im Vergleich zum Vorjahr 2024 (126,9 TWh / 456,8 PJ) zeigt sich damit eine Stabilisierung auf einem weiterhin hohem Niveau, die primär durch den massiven Anlagenbestand getragen wird [42]. Die Marktstatistik markiert jedoch eine deutliche Zäsur im Neuanlagensegment. Der Absatz biogener Wärmeerzeuger verzeichnete bereits 2024 einen Einbruch um ca. 52 % auf rund 24 000 Einheiten [110]. Diese Entwicklung setzte sich auch im Jahr 2025 infolge der transformierten Förderkulisse der Bundesförderung für effiziente Gebäude (BEG-Reform) sowie der abwartenden Haltung privater Haushalte bezüglich der im Koalitionsvertrag der neuen Bundesregierung angekündigten Novellierung des Gebäudeenergiegesetzes (GEG) fort.

Ungeachtet dieser Absatzflaute bleibt das energetische Potenzial des Bestands mit ca. 11,7 Mio. Einzelraumfeuerungsanlagen (ERF) und rund 1,15 Mio. Zentralkesseln systemrelevant. Der in Tabelle 4.1 ausgewiesene Anstieg der installierten Leistung auf 128 GW im Jahr 2025 resultiert dabei weniger aus dem physischen Zubau, sondern ist maßgeblich auf eine statistische Neubewertung der Bestandsleistung sowie technische Wirkungsgradanpassungen zurückzuführen [42].

In der strategischen Weiterentwicklung der Wärmeversorgung aus erneuerbaren Energien rücken zunehmend Biomasse-Hybrid-Systeme in den Fokus der energetischen Transformation. Hierbei gewinnt insbesondere die technologische Kopplung mit Luft- oder Erdwärmepumpen an Relevanz, um die komplementären Vorteile beider Systeme zu nutzen [131]. Diese bivalenten Konfigurationen instrumentalisieren die Biomasse primär zur Substitution elektrischer Energie bei der Abdeckung thermischer Spitzenlasten während Perioden extrem niedriger Außentemperaturen und / oder hoher Strompreise aufgrund geringer erneuerbarer Stromverfügbarkeit. Durch die bedarfsorientierte Fahrweise wird nicht nur die elektrische Netzstabilität in kritischen Lastphasen gestärkt, sondern auch die ökonomische Gesamteffizienz der Hybrid-Anlagen durch die Reduktion teurer Strombezugsspitzen signifikant gesteigert [112].

Parallel dazu etabliert sich im Kontext der in der vergangenen Legislatur nicht mehr fertiggestellten Nationalen Biomassestrategie (NABIS) konsequent das Prinzip der kaskadischen Nutzung, welches der stofflichen Verwertung den normativen Vorrang vor der rein energetischen Nutzung einräumt [131]. Die regulatorische Weichenstellung wird die Brennstoffverfügbarkeit für mono-energetische Verbrennungsanlagen langfristig limitieren und den Fokus verstärkt auf schwer verwertbare Rückstands- und Nebenprodukt-Stoffströme sowie das Ende stofflicher Lebenszyklen (d. h. insbesondere Altholzsortimente) lenken [132]. Neben den beschriebenen Entwicklungen für Feuerungsanlagen unterliegt die gekoppelte Wärmebereitstellung aus Heizkraftwerken und Holzvergaser-BHKW der marktlichen Transformation, die durch das Auslaufen der ersten EEG-Vergütungsperiode für großskalige Heizkraftwerke (HKW) geprägt ist. In diesem Zusammenhang gewinnen Power Purchase Agreements (PPAs) sowie darauf basierende industrielle Wärmelieferverträge stark an Bedeutung, um die Refinanzierung und den Weiterbetrieb von Bestandsanlagen außerhalb des klassischen Fördersystems ökonomisch abzusichern [42, 112]. Gleichzeitig kommt es regelmäßig zu verschärften Anforderungen im Bereich des Immissionsschutzes (insbesondere 1. BImSchV). Die technologische Fortentwicklung konzentriert sich hierbei auf die Reduktion von Partikelemissionen, wobei elektrostatische Partikelabscheider und katalytische Verfahren nun auch für kleinere Leistungsklassen in das Zentrum ordnungsrechtlicher Vorgaben und staatlicher Förderinstrumente rücken [132].

Damit werden biogene Festbrennstoffe im Wärmesektor bis zum Jahr 2030 ihre Relevanz als Säule der Wärmewende behaupten. Die in Tabelle 4.1 dargestellte Entwicklung verdeutlicht den verhaltenen Ausbau der installierten thermischen Leistung und der witterungsbedingt deutlich höheren realisierten Wärmeerzeugung [42].

Tabelle 4.1 Wärmebereitstellung durch feste Biomasse ([42], eigene Berechnungen, ohne biogenen Anteil des Abfalls).

	2015	2020	2023	2024	2025
Thermische Leistung in GW	111	116	125	127	128
Wärmebereitstellung in TWh	102,5	105,1	105,5	113,0	122,5
Wärmebereitstellung in PJ	365,3	378,2	379,6	406,8	440,9
Wärmebereitstellung aus KWK in TWh	14,9	15,3	14,1	13,9	13,7
Wärmebereitstellung aus KWK in PJ	53,8	55,2	50,9	50,0	49,4
Anteil an regenerativer Wärme in %	70,3	68,1	64,0	64,3	64,9

Perspektiven

Auch für das Jahr 2026 werden biogene Festbrennstoffe weiterhin einen weit überwiegend Anteil an der erneuerbaren Wärmebereitstellung haben. Tendenziell wird der relative Anteil der Wärme aus fester Biomasse auch in Zukunft weiter zurückgehen, da insbesondere die Nutzung der oberflächennahen Geothermie deutlich stärker ausgebaut werden wird. In der Konsequenz wandelt sich die energetische Nutzung biogener Festbrennstoffe weitergehend von einer rein quantitativen Erzeugungssäule hin zu einer qualitativen Flexibilitätsoption, die zunehmend in der Kombination mit anderen erneuerbaren Energien die Spitzenlasten insbesondere im Winter übernimmt. Damit sichert die Biomasse die Stabilität des sektorengekoppelten Energiesystems, vor allem in Phasen geringer Einspeisung aus Photovoltaik und Windenergie, ab und behauptet bis 2030 ihre fundamentale Relevanz im Wärmesektor.

4.1.2 Biogene Gase

Biogas und Biomethan werden bisher primär zur Bereitstellung von Strom – typischerweise aber erzeugt in Kraft-Wärme-Kopplung – genutzt. Der Gesetzgeber hat im Verlauf der Weiterentwicklung des EEG – im Sinne einer maximierten Ressourcennutzung – in den letzten Jahren auch zunehmend gefordert, dass die gekoppelt anfallende Wärme zumindest zu einem erheblichen Anteil genutzt werden muss, wenn die EEG-Vergütung erhalten bleiben soll. Entsprechend haben sich neben einer Einspeisung der KWK-Wärme in entsprechende Nah- und Fernwärmenetze weitere Optionen zur Nutzung der gekoppelten Wärme etabliert. Zusätzlich wird ein kleiner Teil des als Biomethan ins Netz eingespeisten Biogases auch direkt zur Wärmebereitstellung verwendet.

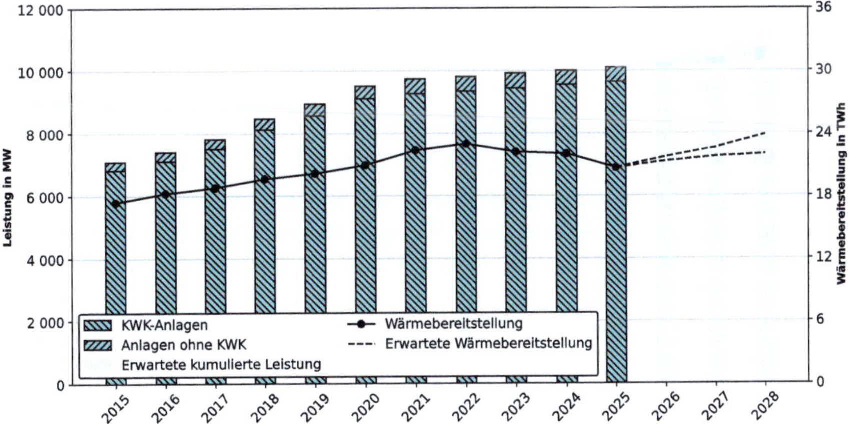

Abb. 4.2 Stand und Entwicklung der Nutzung biogener Gase zur Wärmebereitstellung [42].

Stand

Abb. 4.2 zeigt die Entwicklung der Wärmebereitstellung aus Biogas, Biomethan und Klärgas sowie eine Schätzung für die installierte Wärmeleistung. Wärme aus Deponiegas hat – bei einer klar sinkenden Tendenz – mit deutlich unter 0,06 TWh / 0,2 PJ (2025) nur noch eine vernachlässigbare Relevanz.

Im Unterschied zur elektrischen Leistung von im EEG vergüteten Biogas- und Biomethan-BHKW wird die damit gekoppelte Wärmeleistung nicht durchgehend erfasst. Da eine Wärmeauskopplung typischerweise aus der Abgaswärme und der Motorkühlwärme erfolgen kann, aber nicht immer muss, und auch ältere BHKW ganz ohne Wärmeauskopplung für Anwendungen außerhalb der Eigenbeheizung des Fermenters errichtet wurden, kann die installierte und nutzbare Wärmeleistung nur abgeschätzt werden. Basierend auf der maximal möglichen Auskopplung abzüglich des üblichen Eigenbedarfs kann demnach von einer thermischen Leistung von rund 9,7 GW in Deutschland (2025) ausgegangen werden [42]. Die gekoppelte Bereitstellung von Wärme aus Biogas stieg in den letzten Jahren auf insgesamt 15,9 TWh / 57,1 PJ und ging im Jahr 2025 auf 15,4 TWh / 55,5 PJ zurück (Tabelle 4.2; [42]).

Biomethan, das außer in BHKWs auch direkt zur Wärmebereitstellung eingesetzt wird, hatte eine Spitzennutzung für Wärme von knapp 5,0 TWh / 18 PJ im Jahr 2021 und ist im Jahr 2025 auf 4,5 TWh / 16,3 PJ zurückgegangen [42]. Über die gekoppelte Wärmebereitstellung hinaus wird vor allem Biomethan nach einer Durchleitung im Erdgasnetz auch in Erdgasheizanlagen zur direkten Wärmebereitstellung eingesetzt; hierbei stammt aber meist nur ein kleiner Teil der Wärmemenge aus Biomethan. Geht man zur Abschätzung des Beitrags der (Mit-)Verbrennung von Biomethan in reinen Heizanlagen (Erdgaskesseln) von mittleren Volllastbenutzungsstunden für eine Gebäudewärmeversorgung von 1 600 h/a aus, kann eine versorgte Leistung von 0,8 GW abgeschätzt werden. In Summe wird also abseits der Eigenversorgung eine Wärmeleistung von etwa 10,5 GW über biogene Gase bereitgestellt.

Bei Klärgas-BHKW erfolgt grundsätzlich eine Eigennutzung der Wärme auf dem Betriebsgelände, so dass näherungsweise von keiner zusätzlich nutzbaren Wärmeleistung ausgegangen werden kann. Im Jahr 2025 betrug die Wärmebereitstellung aus Klärgas (analog 2024) 2,3 TWh / 8,3 PJ [42].

Perspektiven

Perspektivisch werden zunehmend Biogas- und Biomethan-BHKW aus der EEG-Förderung fallen und nicht alle dieser Anlagen können über eine potenzielle Anschlussvergütung weiterbetrieben werden. Davon werden zukünftig einige auf eine Biomethanproduktion umsteigen und das eingespeiste Biomethan dann für Mobilitäts- und / oder direkte Wärmeanwendungen vermarkten. Gleichzeitig hat der Kraftstoffmarkt in den letzten Jahren eine deutlich stärkere Nachfrage nach Biomethan gezeigt. Demgegenüber plant die Bundesregierung im Wärmesektor mit der Grüngasquote besondere Anreize zu setzen. Damit könnte die Wärmeerzeugug aus Biomethan potenziell zunehmen; dies ist jedoch stark abhängig von der Ausgestaltung der Grüngasquote im Wärmesektor. Zudem ist zu berücksichtigen, wie

Tabelle 4.2 Wärmebereitstellung aus Biogas ([42], eigene Abschätzungen).

	2015	2020	2023	2024	2025
Thermische Leistung in GW[2]	7,1	9,5	10,2	10,3	10,5
Wärmebereitstellung aus Biomethan in TWh	0,5	0,6	1,1	1,2	1,3
Wärmebereitstellung aus Biomethan in PJ	1,8	2,2	3,9	4,2	4,7
Wärme aus Biogas / Biomethan (KWK) in TWh	15,0	17,9	18,8	19,6	18,6
Wärme aus Biogas / Biomethan (KWK) in PJ	54,0	64,4	67,7	70,6	67,0
Wärmebereitstellung aus Klärgas in TWh	2,0	2,4	2,3	2,3	2,3
Wärmebereitstellung aus Klärgas in PJ	7,2	8,6	8,3	8,3	8,3
Anteil an regenerativer Wärme in %	10,6	11,8	11,9	11,7	10,6

[1] Ohne Deponiegas, da mit unter 0,1 TWh vernachlässigbar gering und das mit weiter sinkender Tendenz

[2] Abschätzung und ohne Klärgas, da Wärme weit überwiegend eigenverbraucht wird

sich die Diskussion um die Nachhaltigkeit von Anbaubiomasse und die Nachfrage nach Biomethan in den anderen Sektoren – z. B. im KWK-Bereich (u. a. über die Biomethanausschreibungen) und im Verkehrsbereich entwickelt. Im Klärgasbereich sind zwar leichte Schwankungen denkbar; größere Veränderungen sind aber nicht zu erwarten. Insgesamt ergibt sich die in Abb. 4.2 dargestellte Perspektive.

Wesentlich für den Ausbau von Biomethan ist eine langfristige Planbarkeit der Akteure und Investitionssicherheit. Der Netzanschlussvorrang ist für Biomethanerzeugungsanlagen für die Planungssicherheit der Betreiber ein sehr wichtiges Kriterium und sollte daher zwingend fortgeführt werden. Ein weiterer wesentlicher Aspekt ist die Finanzierung des Netzanschlusses. Bei der Zuweisung der Netzanschlusspunkte sollten zudem flexible Netzanschlusspunkte berücksichtigt werden können. Eine wichtige Herausforderung liegt in der unklaren Zukunft der Gasnetze, die zum Transport von Biomethan benötigt werden. Hierbei ist zu beachten, dass keine Anlagen gebaut werden, die von einem Rückbau der Gasnetze betroffen sein werden, um Fehlinvestitionen zu vermeiden. Demnach ist für die Planbarkeit der Akteure eine gute Gasinfrastruktur und ein vorrangiger Netzanschluss maßgebend. Aktuelle Diskussionen um Stilllegungen von Verteilnetzen und Kündigungen von Netzanschlüssen konterkarieren diese Zielstellung.

4.2 Umweltwärmenutzung

Im Folgenden wird die Nutzung von Umweltwärme adressiert. Darunter ist die technische Nutzbarmachung von Wärme auf dem Temperaturniveau der Umgebungsluft, des oberflächennahen Erdreichs oder der Oberflächengewässer zur Deckung der Endenergienachfrage für Raumwärme / Raumkälte und Warmwasser zu verstehen. Da das Temperaturniveau dieser Umweltwärme in der Regel zu gering ist, um eine direkte Nutzung zur Beheizung / Warmwasserbereitstellung zu ermöglichen, erfolgt eine Nutzbarmachung mittels Wärmepumpen, welche die aufgenommene (Niedertemperatur-)Wärme auf ein höheres, für Heizzwecke geeignetes Temperaturniveau anheben.

Umweltwärme inkludiert dabei definitionsgemäß nur den Anteil der jeweils bereitgestellten Energie, welcher der Umwelt (d. h. der Luft, dem oberflächennahen Erdreich (bis zu einer Tiefe von rund 400 m) oder dem jeweiligen Oberflächengewässer (z. B. Fluss, See)) entzogen wird, und nicht die dafür eingesetzte (Pump-)Energie (z. B. elektrischer Strom bei einer Elektrowärmepumpe).

Das technische Funktionsprinzip einer Wärmepumpe lässt sich wie folgt zusammenfassen. In einem Verdampfer wird ein flüssiges Arbeitsmedium durch die Umweltwärme verdampft. Anschließend wird das nun gasförmige Medium in einem Verdichter unter Einsatz elektrischer Energie komprimiert, wodurch sich der Druck und damit auch die Temperatur erhöhen. Im Kondensator gibt das verdichtete Arbeitsmedium die auf ein höheres Temperaturniveau angehobene Wärme an das Heizungswasser ab und kondensiert dabei. Durch eine anschließende Druckentlastung über ein entsprechendes Expansionsventil kühlt das verflüssigte Arbeitsmedium weiter ab und wird dem Verdampfer erneut zugeführt [133].

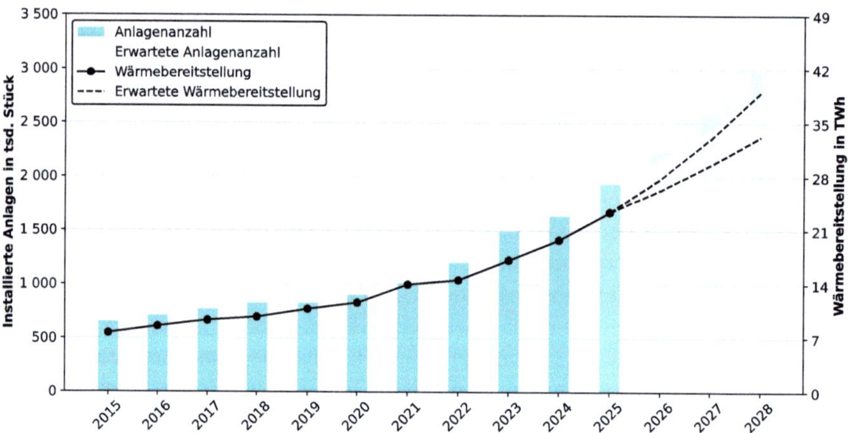

Abb. 4.3 Entwicklung des Wärmepumpen-Anlagenbestands zur Umweltwärmenutzung und der entsprechend bereitgestellten Endenergie in Deutschland [42, 134, 135].

Stand

Abb. 4.3 zeigt die Entwicklung des Anlagenbestands an Wärmepumpen zur Nutzbarmachung von Umweltwärme und der damit bereitgestellten Endenergie in Deutschland. Nachfolgend wird diese sehr dynamische Entwicklung der letzten Jahre erläutert.

Im vergangenen Jahr 2025 wurden in Deutschland ca. 348 500 Wärmepumpen verkauft, davon rund 299 000 Heizungswärmepumpen und etwa 49 500 Warm-

Tabelle 4.3 Wärmebereitstellung aus Umweltwärme (reg. regenerativen; Tsd Tausend) [42, 136].

	2015	2020	2023	2024	2025
Anlagenanzahl in Tsd	655	903	1 497	1 638	1 937
Wärmebereitstellung in TWh	7,7	11,6	17,2	19,8	23,3
Wärmebereitstellung in PJ	27,7	41,9	61,8	71,2	84,0
Anteil an der Wärme aus reg. Energien in %	4,6	6,6	9,2	10,0	11,1

wasserwärmepumpen. Dies entspricht jeweils einem Plus von 55 % (Heizungs-wärmepumpen) bzw. 20 % (Warmwasserwärmepumpen) [134]. Der Anlagenbestand (Heizungswärmepumpen, ohne Warmwasserwärmepumpen) wuchs damit auf ca. 1,9 Mio. installierte Systeme im Jahr 2025 [134, 135]. Nachdem die Wärmepumpen-technologie über lange Zeit eher ein Nischendasein geführt hat und kein signifikantes Netto-Wachstum in Deutschland verzeichnen konnte, wuchs der Anlagenbestand in den Jahren zwischen 2018 und 2023 um etwa 13 %/a [135]. Im Jahr 2024 brach der Absatz von Heizungswärmepumpen jedoch um 46 % ein; konkret sanken die Zahlen von 356 000 (2023) auf 193 000 (2024) [136]. Dieser starke Einbruch wurde u. a. auf Unsicherheiten bezüglich der kommunalen Wärmeplanung und der veränder-ten Förderbedingungen für den Einbau von Wärmepumpen sowie auf die intensive mediale Diskussion des Gebäudeenergiegesetzes zurückgeführt [137, 138]. Den-noch machten Wärmepumpen im Jahr 2024 mehr als 27 % des Gesamtabsatzes aller verkauften Wärmeerzeuger aus und belegten damit hinter Gasheizungen den zwei-ten Platz [139]. Aufgrund der deutlich gestiegenen Absatzzahlen dürfte ihr Anteil im Jahr 2025 weiter zugenommen haben. Allerdings lagen die Absatzzahlen 2025 (348 500 Wärmepumpen) weiterhin unterhalb denen des Rekord-Absatzes des Jah-res 2023 und unterhalb des Ausbauziels der Bundesregierung von 500 000 neuen Anlagen pro Jahr ab dem Jahr 2024 [140].

Im Jahr 2025 konnten etwa 23 TWh / 84 PJ an Umweltwärme für die Raum- und Brauchwassererwärmung nutzbar gemacht werden (Tabelle 4.3, [42]). Gegenüber dem Vorjahr bedeutet dies einen Zuwachs um rund 18 %. Analog zum Anlagenbe-stand wächst damit auch die aus Umweltwärme bereitgestellte Endenergie erkennbar; im Verlauf der letzten fünf Jahre wurde ein Zuwachs um etwa 11 %/a realisiert [42]. Während vor fünf Jahren noch knapp 7 % der aus regenerativen Energien bereitge-stellten Wärme aus Umweltwärme stammten, sind es mittlerweile etwa 11 % [42]. Gleichzeitig ist im selben Zeitraum die insgesamt mittels erneuerbarer Energien bereitgestellte Wärme um etwa 19 % gestiegen [42]. Wärmepumpen gewinnen da-mit absolut gesehen stark an Bedeutung im deutschen Wärmemarkt; beispielsweise übersteigt die Wärmebereitstellung durch Wärmepumpen mittlerweile die Wärme-bereitstellung durch flüssige und gasförmige Biobrennstoffe deutlich [42]. Dennoch ist der Beitrag der Umweltwärmenutzung zur Deckung der insgesamt in Deutschland bestehenden Wärmenachfrage mit insgesamt ca. 2 % noch stark begrenzt [42].

Perspektiven

Angesichts der Erholung des Absatzmarktes im Jahr 2025 sowie des insgesamt deutlichen Zuwachses in den vergangenen Jahren – mit Ausnahme des Jahres 2024 – ist von einer weiteren Steigerung des Absatzes und damit auch der Zahl installierter Wärmepumpenanlagen auszugehen. Dementsprechend dürfte die Bedeutung von Wärmepumpen für den Wärmemarkt in den kommenden Jahren weiter deutlich zunehmen.

Ein zentraler Einflussfaktor für die Entwicklung des Wärmepumpenmarktes sind die geltenden Förderbedingungen. Dies zeigt sich beispielhaft daran, dass im Jahr 2025 rund 288 000 Förderzusagen für Wärmepumpen erteilt wurden; dies entspricht nahezu dem gesamten Absatz diesen Jahres [141]. Die weitere Marktentwicklung hängt damit wesentlich von der weitergehenden Setzung der politischen und regulatorischen Rahmenbedingungen ab.

Bei einem gleichbleibenden jährlichen Zuwachs von knapp 300 000 Heizungswärmepumpen würde der Anlagenbestand 2026 um knapp 16 % auf rund 2,2 Mio. Anlagen ansteigen. Bei einer Fortschreibung dieses Zuwachses wären im Jahr 2028 etwa 3,0 Mio. und im Jahr 2030 rund 4,0 Mio. Anlagen in Betrieb. Diese Entwicklung ist jedoch als eher konservative Prognose einzuordnen.

Eine Erreichung des jährlichen Ausbauziels von 500 000 Anlagen würde im kommenden Jahr einem Bestandszuwachs von mehr als 25 % pro Jahr entsprechen. Bei einem solchen Wachstum wäre bis 2030 ein Anlagenbestand von rund 6 Mio. Wärmepumpen erreichbar. Andere Quellen prognostizieren unter günstigen ökonomischen und politischen Rahmenbedingungen – etwa bei stabilen bzw. sinkenden Strompreisen (z. B. durch Senkung von Netzentgelten, Steuern und Umlagen sowie durch variable Stromtarife), einer wirksamen CO_2-Bepreisung, fortgeschriebener Förderung sowie einer verlässlichen und zeitnahen Ausgestaltung der kommunalen Wärmeplanung – für das Jahr 2030 einen Anlagenbestand von knapp 5 Mio. Wärmepumpen [135]. Der Marktanteil von Wärmepumpen am Absatzmarkt für Wärmeerzeuger dürfte dabei zwischen 70 und 90 % liegen [135].

Unstrittig ist, dass eine umfassende Nutzung von Umweltwärme und damit ein flächendeckender Einsatz von Wärmepumpen eine wesentliche Voraussetzung für das Gelingen der Wärmewende darstellt. Unter der Annahme eines fortbestehenden politischen Willens zur Erreichung der Klimaschutzziele ist daher bereits mittelfristig von einem weiteren starken Marktwachstum auszugehen. Diese Entwicklung wird zusätzlich durch den fortschreitenden Ausbau der Photovoltaik – insbesondere im dezentralen Bereich – unterstützt, da die Kombination von Wärmepumpen mit Photovoltaikanlagen erhebliche systemische Vorteile bieten kann.

4.3 Solarthermie

Solarthermische Anlagen nutzen die Sonnenenergie mittels Solarkollektoren zur ausschließlichen Wärmegewinnung typischerweise zur Brauchwarmwasserbereitstellung und z. T. zur Heizungsunterstützung.

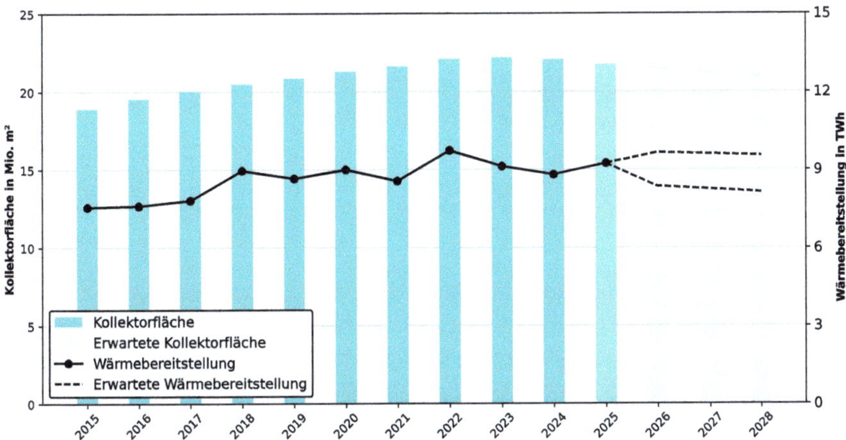

Abb. 4.4 Stand und Entwicklung der Nutzung der Solarthermie in Deutschland [42, 142, 143].

Stand

Im Jahr 2025 waren in Deutschland solarthermische Kollektoren mit einer kumulierten Gesamtfläche von etwa 21,7 Mio. m^2 installiert (Abb. 4.4). Mithilfe dieser solarthermischen Anlagen wurden 2025 ca. 9,2 TWh / 33,1 PJ Wärme erzeugt [42, 143]. Vor dem Hintergrund der Energiepreiskrise des Jahres 2022 nahm das Interesse an solarthermischen Wärmebereitstellungsoptionen erneut zu. So steigerte sich die Fläche der neu installierten Solarkollektoren um ca. 12 % im Vergleich zu 2021 auf rund 710 000 m^2. Dieser Trend setzte sich jedoch in den folgenden Jahren 2023, 2024 und 2025 nicht fort. Während im Jahr 2023 noch ein leichter Nettozuwachs an Kollektorfläche von 0,4 % zu verzeichnen war, wurden in den Jahren 2024 und 2025 erstmals mehr Anlagen abgebaut als zugebaut; dies führte zu einem Rückgang der deutschlandweit installierten Solarkollektorfläche um 1,9 % seit dem Jahr 2023[142, 143]. Durch eine im Mittel höhere Globalstrahlung im Jahr 2025 (ca. 1 187 kWh/m^2) im Vergleich zum Jahr 2024 (ca. 1 113 kWh/m^2) und 2023 (ca. 1 144 kWh/m^2) (Abb. 1.1) erhöhte sich jedoch die solarthermisch bereitgestellte Wärme von ca. 9,1 TWh / 32,8 PJ (2023) bzw. 8,8 TWh / 31,7 PJ (2024) auf 9,2 TWh / 33,1 PJ (2025)[42, 142, 143]. Damit betrug der Anteil der Solarthermie an der 2025 deutschlandweit aus erneuerbaren Energien erzeugten Wärme (ca. 209,8 TWh / 755,3 PJ [42]) rund 4,4 % (Tabelle 4.4). Da die aus regenerativen Energien bereitgestellte Wärme im Jahr 2025 etwa 15,5 % an der deutschlandweit insgesamt genutzten Wärme bzw. Kälte ausmachte (Kapitel 2.3), trug die Solarthermie mit ca. 0.7 % zu der Wärme- bzw. Kältebereitstellung in Deutschland bei [42].

Perspektiven

Seit dem Jahr 2008 sinkt die installierte Kollektorfläche an Netto-Neuzubau von solarthermischen Anlagen stetig. Grund hierfür ist u. a. die direkte Konkurrenz

Tabelle 4.4 Wärmebereitstellung mithilfe solarthermischer Systeme[42, 142, 143].

	2015	**2020**	**2023**	**2024**	**2025**
Kollektorfläche in Mio. m²	18,9	21,3	22,2	22,0	21,7
Wärmebereitstellung in TWh	7,6	9,0	9,1	8,8	9,2
Wärmebereitstellung in PJ	27,4	32,4	32,8	31,7	33,1
Anteil an regenerativer Wärme in %	4,6	5,1	4,9	4,6	4,4

zur Photovoltaik und die Tatsache, dass durch solarthermische Systeme nur die variablen Brennstoffkosten des zwingend benötigten Backup-Systems substituiert werden können (in den Wintermonaten ist in Deutschland systembedingt nahezu keine solarthermische Wärmeerzeugung möglich). Infolge der a priori begrenzten Flächenverfügbarkeiten auf Hausdächern entscheiden sich die meisten Eigenheimbesitzer daher inzwischen für die Installation einer günstigeren und wartungsärmeren Photovoltaikanlage. Insbesondere letzterer Punkt ist im Hinblick auf den sich zunehmend verstärkenden Fachkräftemangel ein immer stärkeres Argument. Zusätzlich kann die erzeugte elektrische Energie durch Photovoltaikanlagen flexibler eingesetzt werden (parallel dazu kann potenziell zusätzlich (teurer) Strombezug aus dem Netz ersetzt werden); diese deutlich größere Flexibilität steht in einem starken Gegensatz zu der ausschließlich möglichen (Niedertemperatur-)Wärmebereitstellung solarthermischer Anlagen. Auch kann im Unterschied zu Solarthermieanlagen im Winter (begrenzt) Energie durch Photovoltaiksysteme bereitgestellt werden. Aufgrund dieser direkten Konkurrenz ist auch in den nächsten Jahren mit einem fortgesetzten Netto-Rückbau der Solarthermie zu rechnen. Wird der minimale Flächenrückbau pro Jahr mit ca. -0,6 % abgeschätzt (durchschnittliche jährliche Rückbaurate errechnet aus den Jahren 2024 und 2025 plus 40 %) und der maximale Flächenrückbau mit -1,3 % unterstellt (durchschnittliche Rückbaurate errechnet aus den Jahren 2024 bis 2025 minus 40 %), kann mithilfe der so prognostizierten Gesamtflächen und der maximalen bzw. minimalen deutschlandweiten Globalstrahlung der vergangenen zehn Jahre die zu erwartende bereitgestellte Wärme abgeschätzt werden. Für das Jahr 2028 errechnet sich daraus eine deutschlandweite für Solarthermie genutzte Gesamtfläche zwischen 20,9 und 21,4 Mio. m²; dies entspricht einer bereitstellbaren Wärme zwischen 8,1 und 9,5 TWh / 29,1 PJ und 34,2 PJ im Jahr 2028 (Abb. 4.4).

Damit ist in den kommenden Jahren zu erwarten, dass die Bedeutung der Solarthermie tendenziell weiter abnimmt und parallel dazu aller Wahrscheinlichkeit nach die Bedeutung der Photovoltaik im Wärmemarkt immer mehr zunimmt; letzteres gilt auch und insbesondere in Verbindung mit Wärmepumpen. Andererseits könnten beispielsweise durch weiter steigende Energie- und CO_2-Preise für fossile Energieträger Eigenheimbesitzer über eine Nachrüstung mit Solarkollektoren preisliche Vorteile generieren. Derartige Effekte könnten der Solarthermie eventuell einen neuen Schub verleihen [144]. Offen ist auch die zukünftige Rolle und der mögliche Beitrag von solarthermischen Großanlagen, speziell für die Bereitstellung von Nah- und Fernwärme – und das u. a. in Verbindung mit (Groß-)Wärmepumpen. Hier sind eine Vielzahl an potenziellen Projekten mit dem Ziel der Defossilierung der leitungsgebundenen Wärmeversorgung in der Diskussion und es ist bisher nach wie vor unklar, ob derartige Projekte letztlich in den kommenden Jahren dann auch in den z. T. diskutierten erheblichen Größenordnungen realisiert werden. Durch den bisher schleppenden und tendenziell eher zurückgehenden Ausbau sowie die geringe Bedeutung an der gesamten Wärme- bzw. Kältebereitstellung in Deutschland kann jedoch auch bei zunehmenden Ausbauzahlen nicht davon ausgegangen werden, dass solarthermische Anlagen zukünftig substanziell zur Defossilierung des Wärmesektors beitragen werden.

4.4 Tiefe Geothermie

Unter einer Wärmebereitstellung aus tiefer Geothermie ist hier eine Nutzung der im tiefen Untergrund gespeicherten Wärme zu verstehen, die mithilfe eines Wärmeträgermediums (meist das im Untergrund bereits gespeicherte (fossile) Wasser) aus dem Untergrund nutzbar gemacht werden kann. Voraussetzung dafür ist das Vorhandensein einer porösen (wasserhaltigen) und permeablen (durchlässigen) Gesteinsschicht im tieferen Untergrund, die angebohrt werden muss, um daraus das in Abhängigkeit der Tiefe unter der Erdoberfläche und des Standortes unterschiedlich heiße Tiefenwasser fördern zu können [145]. Aufgrund der in Deutschland vorhandenen geologischen Bedingungen kommen derartige Gesteinsschichten (Sedimente) im Wesentlichen in den drei Regionen *Süddeutsches Molassebecken* (Temperaturbereich 100 bis 150 °C), Oberrheingraben (Temperaturbereich 130 bis 180 °C) und *Norddeutsches Becken* (Temperaturbereich 130 bis 160 °C) vor [145]; d. h. bisher beschränkt sich die Geothermienutzung im Wesentlichen auf diese Regionen. Im Folgenden wird ein Überblick über die Entwicklung einer Wärmeerzeugung aus tiefer Geothermie in Deutschland für das Jahr 2025 gegeben sowie die kurz- und mittelfristige Perspektive skizziert.

Stand

Im Jahr 2025 wurde, ausgehend von öffentlich zugänglichen Daten, keine zusätzliche statistisch relevante Geothermie-Leistung zur Wärmebereitstellung neu installiert (Abb. 4.5). Innerhalb des Zeitraums von 2015 bis 2025 wurden die größten Zubauten (absolut) an thermischer Leistung in den Jahren 2021 (+66 MW) und 2016 (+41 MW) verzeichnet. Ein leichter Rückgang der installierten Leistungen zeigte sich in den Jahren 2019 (-5 MW) und 2017 (-3 MW). Im Jahr 2025 waren in Deutschland damit 40 Geothermieanlagen zur Wärmebereitstellung in Betrieb, davon 31 ausschließlich zur Wärmeerzeugung und 9 als KWK-Anlagen mit einer kombinierten Strom- und Wärmeerzeugung [128]. Bei den wärmegeführten und auch bei den stromgeführten Anlagen wurde die generierte Wärme im Wesentlichen in die entsprechenden Nah- bzw. Fernwärmenetze eingespeist [146]. Rund ein Drittel der derzeit existierenden thermischen Leistung stammt damit aus KWK-Anlagen [146].

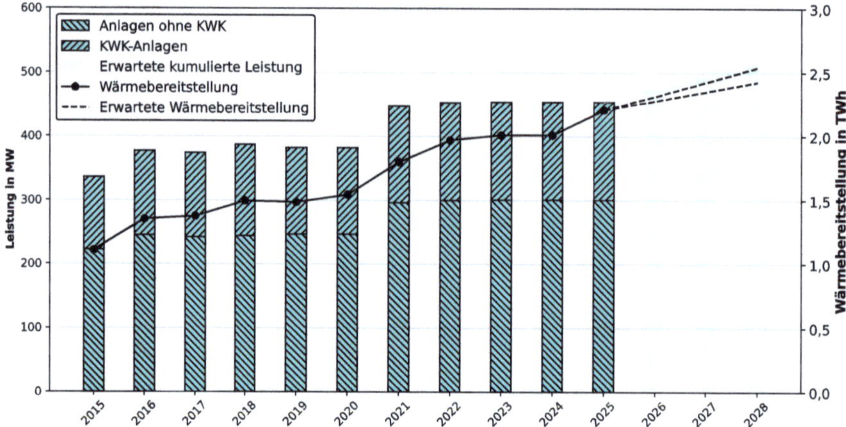

Abb. 4.5 Stand und Entwicklung der Nutzung der tiefen Geothermie zur Wärmebereitstellung ([34, 146, 147], eigene Abschätzungen).

Tabelle 4.5 Wärmebereitstellung durch Anlagen zur Nutzung der tiefen Geothermie (reg. regenerativen) ([34, 146, 147], eigene Abschätzungen).

	2015	2020	2023	2024	2025
Thermische Leistung in MW	336	382	454	454	454
Wärmebereitstellung in TWh	1,11	1,54	2,01	2,01	2,21
Wärmebereitstellung in PJ	4,0	5,5	7,2	7,2	8,0
Anteilan der Wärme aus reg. Energien in %	0,6	0,8	1,0	1,0	1,1

Auf Basis des Verhältnisses der Gradtagzahl im Jahr 2025 gegenüber dem Vorjahr kann von einer Wärmebereitstellung durch tiefe Geothermie im Jahr 2025 von voraussichtlich etwa 2,2 TWh / 8,0 PJ ausgegangen werden; dies entspricht einer Steigerung von rund 10 % gegenüber dem Vorjahr. Ihr Anteil an den 209,8 TWh / 755,3 PJ Wärme aus erneuerbaren Energien im Jahr 2025 betrug 1,1 %; dabei ist eine kontinuierliche Steigerung des Anteils im Laufe der vergangenen Jahre zu beobachten (Tabelle 4.5 [34, 146, 147]). Die in Anlagen zur Nutzung der tiefen Geothermie bereitgestellte Wärme wird im Jahr 2025 voraussichtlich zu 75 % in Fernwärmenetze eingespeist und der überwiegende Rest wird in Thermalbädern genutzt; eine direkte / unmittelbare Gebäudeheizung ist bezogen auf die Dimensionen des deutschen Energiesystems unterkritisch. Der aus KWK-Anlagen stammende Anteil an der gesamten bereitgestellten Wärme betrug im Jahr 2025 rund 25 % [146].

Perspektiven

Kurzfristig ist mit einem jährlichen Zubau von Geothermieanlagen von voraussichtlich 20 bis 40 MW (Abb. 4.5) zu rechnen. Im Jahr 2025 befanden sich 16 Geothermie-Anlagen im Bau und 155 in der Planung (jeweils inklusive derer zur Strombereitstellung) [128]. Mittel- bis langfristig ist ein kontinuierlicher Ausbau möglich, da die

geothermischen Wärmepotenziale in Deutschland mit über 300 TWh/a / 1 080 PJ/a
erheblich sind [145]. Auf Basis der vorangegangen 5-Jahresentwicklung wäre eine
installierte Leistung von 500 bis 522 MW und eine in KWK realisierte Bruttostromerzeugung in Höhe von 2,4 bis 2,5 TWh / 8,6 bis 9,0 PJ im Jahr 2028 denkbar.
Eine deutlich ambitioniertere Entwicklung in den kommenden Jahren ist jedoch möglich, da im Dezember 2025 der Bundestag das Geothermie-Beschleunigungsgesetz
beschlossen hat, das einen verstärkten Ausbau dieser Wärmebereitstellungsoption
vorsieht. Inwiefern sich diese energiepolitische Weichenstellung auf die konkreten Zubauzahlen in Deutschland auswirkt, kann erst in einigen Jahren beantwortet
werden [148].

Kapitel 5
Erneuerbare Energien im Verkehrsektor

Philipp Anstett*, Stefan Bube, Kati Görsch, Martin Kaltschmitt, Volker Lenz, Jörg Schröder, Michael Schulthoff, Steffen Voß

Die Integration von erneuerbaren Energien in den Verkehrssektor ist eine der größten Herausforderungen bei der Defossilierung des Energiesystems. Aufgrund des in Kapitel 2 aufgezeigten deutlich dominierenden Anteils des Straßenverkehrs am Endenergieverbrauch des Verkehrssektors wird im Folgenden auf wichtige Technologien zu dessen Defossilierung eingegangen. Im Fokus steht dabei die Nutzung von elektrischer Energie, da dies zukünftig der mit Abstand wichtigste Beitrag zumindest im landgebundenen Verkehr sein dürfte, der – bei einer Bereitstellung der benötigten elektrischen Energie auf Basis regenerativer Energien – einen klimaneutralen Betrieb beispielsweise von Personenkraftfahrzeugen (Pkw) ermöglicht. Derzeit noch und auch zukünftig für Bestands-Pkw sowie Flugzeuge und Schiffe von hoher Relevanz sind erneuerbare Kraftstoffe. Diese werden aktuell primär aus biogenen Ressourcen hergestellt (primär Pflanzenöl- und Ethanol-basierte Kraftstoffe). Für einen zukünftig klimaverträglichen Verkehr könnten zudem E-Fuels, d. h. Kraftstoffe aus regenerativen Energien zur Stromerzeugung sowie Wasserstoff und Kohlenstoffdioxid aus nicht-fossilen Quellen, eine tragende Rolle insbesondere in den Bereichen des Verkehrssektors spielen, die einen klar definierten (flüssigen) Kraftstoff mit einer hohen Energiedichte (z. B. Kerosin im Luftverkehr) benötigen; diese Kraftstoffoptionen haben aber zum heutigen Zeitpunkt noch keine Integration in den Verkehrssektor erfahren. Nachfolgend werden diese unterschiedlichen Optionen adressiert und diskutiert.

5.1 Biogene Kraftstoffe

Die aktuell kommerziell eingesetzten Biokraftstoffe lassen sich im Wesentlichen in erneuerbare Substitute für Diesel in Form von Biodiesel (FAME) und HVO- bzw. HEFA-Diesel, für Benzin in Form von Bioethanol und ETBE, für Erdgas in Form

---

* Autoren in alphabetischer Reihenfolge.

© Der/die Autor(en), exklusiv lizenziert an
Springer Fachmedien Wiesbaden GmbH, ein Teil von Springer Nature 2026
M. Kaltschmitt und V. Lenz (Hrsg.), *Erneuerbare Energien in Deutschland 2025*,
https://doi.org/10.1007/978-3-658-51753-3_5

von Biomethan als Bio-CNG und Bio-LNG und für Kerosin in Form von HEFA-SPK unterteilen.

Abb. 5.1 zeigt die Entwicklung der Nutzung der unterschiedlichen biogenen Kraftstoffe in dem Zeitraum zwischen 2015 und 2025 und einen Ausblick auf die möglichen eingesetzten Mengen im Verkehrsbereich bis 2028. Demnach wurden im Jahr 2007 bisher mit 44,2 TWh / 159,1 PJ die größten Mengen an biogenen Kraftstoffen im Verkehr in Deutschland eingesetzt. Dieser Peak wurde durch Erleichterungen in der Energiesteuer ermöglicht. Mit der schrittweisen Reduzierung dieser Steuererleichterung und dem Wechsel von einer Mengenquote zu einer Treibhausgasminderungsquote (THG-Quote) sank der Anteil an biogenen Kraftstoffen auf unter 30 TWh / 108 PJ in den Jahren 2015 und 2016. Erst mit der schrittweisen Erhöhung der Treibhausgasminderungsquote ab dem Jahr 2020 stieg der Anteil an Biokraftstoffen wieder an und erreichte im Jahr 2025 rund 37,4 TWh / 134,7 PJ (Tabelle 5.1; [42]).

Zusätzlich gilt in der Europäischen Union gemäß der ReFuelEU Aviation Verordnung seit 2025 eine Mindest-Beimischungsquote für nachhaltige Flugkraftstoffe (Sustainable Aviation Fuels, SAF) von 2 % [149]. Für SAF sind aktuell aber noch keine Statistiken für das Quotenjahr 2025 verfügbar.

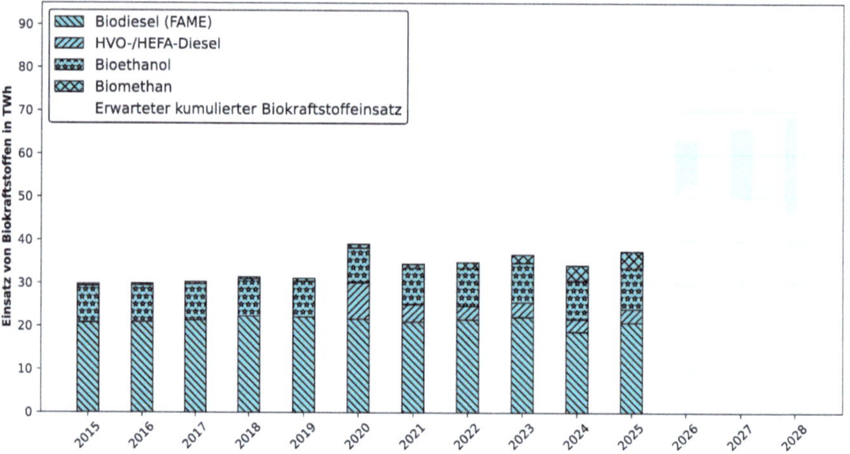

Abb. 5.1 Stand und Entwicklung der Nutzung biogener Kraftstoffe [42, 150] (Für die Jahre 2015 bis 2019 werden die Mengen an Biodiesel (FAME) und HVO/HEFA in [42] nicht separat ausgewiesen. Der Anteil an HVO/HEFA ist für diese Jahre in Biodiesel (FAME) mit enthalten.).

Stand

Im Vergleich zum Vorjahr ist der Einsatz biogener Kraftstoffe von 34,2 TWh / 123,0 PJ (2024) um 9,5 % auf 37,4 TWh / 134,7 PJ (2025) gestiegen. Dabei sind Biodiesel (Fatty Acid Methyl Esters, FAME) mit einem Anteil von rund 56 % und Bioethanol mit rund 25 % (Einsatz vornehmlich als Blendkraftstoffe) die aktuell wichtigsten Energieträger. Während Pflanzenöl als Reinkraftstoff im Verkehr seit zwei Jahren nicht mehr eingesetzt wird, ist der Anteil von Biomethan im Mobilitätssektor in den vergangenen Jahren stetig gestiegen und liegt aktuell bei rund 10 %. HVO- bzw. HEFA-Diesel (HVO Hydrotreated Vegetable Oils; HEFA Hydrotreated Esters and Fatty Acids) ist nach Biomethan die viertwichtigste erneuerbare Kraftstoffoption im Verkehr. Gleichzeitig sind Biomethan vor allem als Bio-LNG (Liquefied Natural Gas) und HVO-/HEFA-Diesel die aktuell wichtigsten biogenen Reinkraftstoffe [42].

Tabelle 5.1 Nutzung biogener Kraftstoffe im Straßenverkehr [42].

	2015	2020	2023	2024	2025
Biodiesel (FAME) in TWh	20,8	21,6	22,1	18,7	20,8
Biodiesel (FAME) in PJ	75,0	77,8	79,7	67,4	75,1
HVO-/HEFA-Diesel in TWh[a]	-	8,5	3,5	2,9	3,2
HVO-/HEFA-Diesel in PJ[a]	-	30,7	12,5	10,3	11,3
Bioethanol in TWh	8,6	8,0	9,1	9,1	9,5
Bioethanol in PJ	30,9	28,9	32,9	32,9	34,2
Biomethan in TWh	0,3	0,9	1,9	3,4	3,9
Biomethan in PJ	1,2	3,2	6,7	12,4	14,0
Anteil an „grünem" Endenergieverbrauch im Verkehr in %	4,7	6,6	6,2	5,8	6,2

[a] Für das Jahr 2015 werden die Mengen an Biodiesel (FAME) und HVO/HEFA in [42] nicht separat ausgewiesen. Der Anteil an HVO/HEFA ist für dieses Jahr in Biodiesel (FAME) mit enthalten.

Bezogen auf das Jahr 2025 stellt sich die Situation der einzelnen Biokraftstoffe wie folgt dar (die in Deutschland installierten Produktionskapazitäten werden in Anhang B, Exkurs: Regenerative Kraftstoffe weltweit, beschrieben).

- Biodiesel (FAME). Biodiesel entsteht bei der Umesterung von öl- und fetthaltigen Makromolekülen biogenen Ursprungs mit Methanol. Typische Ausgangsstoffe sind Pflanzenöle wie Raps-, Soja- und Sonnenblumenöl (die Verwendung von Palmöl ist in Deutschland seit 2023 nicht mehr zulässig) sowie Abfälle, Rückstände und / oder Nebenprodukte („Abfälle und Reststoffe" nach [60]) wie gebrauchte Speiseöle (Used Cooking Oil, UCO), öl- und fetthaltige Abfälle aus der Lebensmittelindustrie und bestimmte Anteile des fetthaltigen Abwassers aus der Palmölindustrie. Im Jahr 2024 wurden im Wesentlichen Abfälle, Rückstände und Nebenprodukte (Abfälle und Reststoffe) (82 %) sowie Rapsöl (15 %) als Ausgangsmaterial eingesetzt. Der daraus produzierte Biodiesel wird nahezu ausschließlich als Beimischkomponente zu fossilem Diesel verwendet. Typischerweise erfolgt die Beimischung mit einem Anteil von 7 Vol.-% FAME zu B7. In geschlossenen Nutzfahrzeugflotten können aber auch B10, B20 oder B30 als Beimischung (jeweils 10, 20 oder 30 Vol.-% FAME) verwendet werden, sofern die jeweils eingesetzten Fahrzeuge über eine Herstellerfreigabe verfügen. Zusätzlich findet Biodiesel in sehr geringen Mengen als Reinkraftstoff (B100) Anwendung;

dieser Anteil lag im Jahr 2025 jedoch nur bei 0,3 % des insgesamt verbrauchten Biodiesels. Die durchschnittliche THG-Einsparung lag 2024 bei 86 % gegenüber der fossilen Referenz [42, 60].

- HVO-/HEFA-Diesel. HVO-/HEFA-Diesel wird durch die Hydrierung von pflanzlichen (und tierischen) Ölen und Fetten (öl- und fetthaltigen Biomassen) gewonnen. Die Ausgangsstoffe entsprechen den Ausgangsstoffen von Biodiesel (FAME). Jedoch wurden im Jahr 2024 nur Ausgangsmaterialien, die der Gruppe der Abfälle und Nebenprodukte (Abfälle und Reststoffe) zuzuordnen sind, eingesetzt. Seit Mai 2024 kann HVO-/HEFA-Diesel als Reinkraftstoff an öffentlich zugänglichen Tankstellen angeboten werden. Die dazugehörige Verordnung (10. BImSchV) wurde entsprechend angepasst. Zuvor konnten nur maximal 25 Vol.-% HVO-/HEFA-Kraftstoff konventionellem (fossilem) Dieselkraftstoff beigemischt werden. Diese Neuregelung hatte sofort Auswirkung auf die Verwendung von HVO-/HEFA-Diesel, der nun gemeinsam mit Biomethan der wichtigste biogene Reinkraftstoff ist und aktuell vor allem im straßengebundenen Güterverkehr eingesetzt wird. Im Jahr 2025 wurden 1,5 TWh / 5,5 PJ in der Beimischung und 1,6 TWh / 5,9 PJ als Reinkraftstoff verwendet. Die durchschnittliche THG-Einsparung lag 2024 bei 89 % gegenüber der fossilen Referenz [42, 60].

- Bioethanol und ETBE. Bioethanol wird fermentativ aus zucker-, stärke- oder (ligno-)cellulosehaltiger Biomasse erzeugt. Der auf die THG-Quote im Jahr 2024 angerechnete Bioethanol bestand im Wesentlichen aus den Ausgangsstoffen Mais (45 %), Weizen (21 %), Zuckerrohr (11 %) und verschiedenen Abfälle und / oder Rückstände (Abfälle und Reststoffe) (8 %). Bioethanol wird herkömmlichem fossilen Benzin mit einem Bioethanolanteil bis zu 5 Vol.-% (E5) bzw. 10 Vol.-% (E10) beigemischt. Alternativ kann das Ethanolderivat ETBE (Ethyl-tert-butylether; enthält 37 Vol.% Ethanol) mit bis zu 15 Vol.-% beigemischt werden. Bis Ende 2015 wurde zusätzlich E85 mit 70 bis 85 Vol.-% Bioethanol in Deutschland vertrieben. 7,2 % des 2024 verbrauchten Bioethanols wurde in Form von ETBE eingesetzt. Gleichzeitig dominierte E5 mit einem Marktanteil von 67,8 %, gefolgt von E10 mit 27,4 % den Absatz an Ottokraftstoff in Deutschland. Die durchschnittliche THG-Einsparung lag 2024 bei 90 % gegenüber der fossilen Referenz [42, 60, 151, 152].

- Biomethan. Biomethan, das auf die THG-Quote des Straßenverkehrs im Jahr 2024 angerechnet wurde, wurde ausschließlich aus Abfällen, Nebenprodukten und Rückständen (Abfälle und Reststoffe) wie u. a. Gülle, Klärschlamm, Bioabfällen und Industrieabfällen über eine anaerobe Vergärung erzeugt. Insbesondere der Einsatz von Gülle ermöglicht eine hohe THG-Einsparung gegenüber der fossilen Referenz, da hier THG-Gutschriften zur Vermeidung der Güllelagerung hinzugerechnet werden, und ist damit für die Inverkehrbringer von Kraftstoffen besonders reizvoll. Ein Teil der in Deutschland produzierten Biomethanmengen wird als Beimischung zu dem Gaskraftstoff CNG (Compressed Natural Gas) oder als biogene Reinkraftstoffe Bio-CNG und Bio-LNG im Verkehrssektor eingesetzt. Dabei waren 62 % des im Jahr 2025 im Verkehr verbrauchten Biomethans Bio-LNG. Der Absatz sowohl von Bio-CNG als auch von Bio-LNG ist in den vergangenen Jahren auf einem geringen Niveau, aber dennoch deutlich angestiegen

(4,4-fache Energiemenge im Jahr 2025 im Vergleich zum Jahr 2020). Biomethan wird aktuell vornehmlich im Straßengüterverkehr sowie zu geringen Anteilen im Pkw- und ÖPNV-Bereich eingesetzt. Im Jahr 2024 lag die durchschnittliche THG-Einsparung bei 174,4 % bei Bio-CNG und bei 162,8 % bei Bio-LNG [42, 60].

- HEFA-SPK. Aktuell einzige kommerziell verfügbare SAF-Option ist HEFA-SPK (Hydroprocessed Esters and Fatty Acids – Synthetic Paraffinic Kerosene), welche mit dem gleichen Verfahren wie HVO-/HEFA-Diesel hergestellt wird. Entsprechend kommen auch hier Öle und Fette biogenen Ursprungs zum Einsatz. Seit 2025 gilt auf Basis der europäischen Verordnung ReFuelEU Aviation eine erste verbindliche Mindest-Beimischungsquote für SAF in Höhe von 2 %. Derzeit sind noch keine belastbaren Statistiken für 2025 verfügbar. Im Vorquoten-Jahr 2024 wurden in Deutschland 17 300 t SAF verbraucht. Das entspricht einem Anteil von 0,22 %. Auf Basis des Verbrauchs in den vergangenen Jahren sollte die derzeit jährlich benötigte Menge unter 200 000 t SAF liegen [42, 60].
- Weitere Biokraftstoffe, die auf die THG-Quote angerechnet wurden, sind Bio-Benzin, Biomethanol, Bio-Naphtha und Pflanzenöl. In Summe lag deren Anteil bei ca. 0,1 % [60].

Perspektiven

Der Absatz von Biokraftstoffen wird in Deutschland auch in den kommenden Jahren durch die THG-Quote im Straßenverkehr maßgeblich geprägt. Im Jahr 2026 erfolgt die Implementierung der revidierten RED II (Richtlinie (EU) 2023/2413), die eine Festlegung der Quote voraussichtlich bis zum Jahr 2040 und deren schrittweise Steigerung vorsieht. Der Gesetzentwurf sieht neben einer Quotenanpassung (u. a.: 2026: 12 %, 2027: 15 %, 2028: 18 %, 2030: 25 %, 2040: 59 %) unter anderem auch den Wegfall der Doppelanrechnung für fortschrittliche Biokraftstoffe vor. Diese beiden Aspekte sind die wesentlichen Treiber für den steigenden Biokraftstoffbedarf. Insbesondere der Wegfall der Doppelanrechnung kann zu einem sprunghaften Anstieg in 2026 führen [18].

Insbesondere der Wegfall der Doppelanrechnung kann zu einem sprunghaften Anstieg der Nutzung Biomasse-basierter Kraftstoffe im Jahr 2026 führen. Diese mittelfristige Entwicklung der Biokraftstoffmengen ist aber auch stark von der Entwicklung der Nachfrage nach elektrischer Energie im Straßenverkehr abhängig. In einem ambitionierten Szenario, mit einer sehr starken Elektrifizierung des Straßenverkehrs, werden die Biokraftstoffmengen auf dem 2026er Niveau stagnieren bzw. leicht rückläufig sein. In einem verzögerten Szenario, mit einer langsamen Elektrifizierung des Straßenverkehrs, wird sich die Nachfrage nach Biokraftstoffen bis zum Jahr 2030 mehr als verdoppeln. In beiden Fällen wird sich der Fokus auf Biokraftstoffe aus fortschrittlichen Biomassen gemäß des Anhangs IX A der RED II verstärken. Aus fortschrittlichen Biomassen können mit aktuellen Technologien vornehmlich FAME, HVO/HEFA und Biomethan erzeugt werden. Zusätzlich ist beachten, dass die Inverkehrbringer in den Jahren 2024 bis 2026 die THG-Quote regelmäßig übererfüllt haben. Diesen Überhang können sie mit in das Folgejahr übertragen und zur

Anrechnung bringen; dadurch können die real in Verkehr gebrachten erneuerbaren Kraftstoffe geringer ausfallen und nicht den gemäß der THG-Quote vorgegebenen Mengen entsprechen [150, 153, 154].

Ab 2030 werden zusätzlich die beiden europäischen Verordnungen ReFuelEU Aviation und FuelEU Maritime für den Luft- und Seeverkehr mengenmäßig an Bedeutung gewinnen. Geopolitische Krisen, die einen überhöhten Rohölpreis erzeugen, können dabei die Wettbewerbsfähigkeit biogener Reinkraftstoffe ggf. verbessern und damit auch die entsprechend eingesetzten Mengen verändern.

5.2 Elektrische Energie

Im Vergleich zu fossilen Kraftstoffen wie Diesel und Benzin trägt elektrischer Energie im Verkehrssektor bislang nur begrenzt zur Deckung der gesamten Energienachfrage bei [42]. Trotzdem ist der verstärkte Einsatz elektrischer Energie aus erneuerbaren Energien eine zentrale Strategie zur Reduktion der Emissionen klimaschädlicher Gase im Mobilitätssektor. Dies kann sowohl durch die Substitution fossiler Anteile im Strommix als auch durch eine Elektrifizierung des Antriebsstrangs erfolgen, d. h. dem Ersatz von Verbrennungsmotoren durch Elektromotoren.

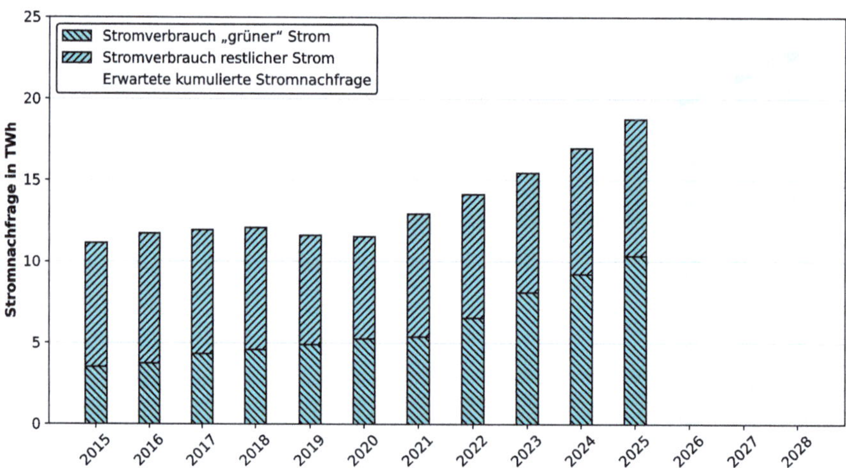

Abb. 5.2 Gesamte Stromnachfrage und Anteil des „grünen" Stroms im Mobilitätssektor ([42], eigene Berechnungen).

Stand

Im Jahr 2025 betrug der Gesamtstromverbrauch im Verkehrssektor rund 18,7 TWh / 67,3 PJ; davon stammten rund 55 % aus erneuerbaren Energien. Dies entspricht

einem Anteil von 21,6 % an den insgesamt im Verkehrssektor eingesetzten erneuerbaren Energien. Während die jährliche Nachfrage nach elektrischer Energie im Verkehrssektor zwischen 2005 und 2020 weitgehend stabil zwischen 11 und 13 TWh /
39,6 und 46,8 PJ lag, ist seit 2020 ein kontinuierlicher Anstieg des Stromverbrauchs
zu beobachten [42]. Hauptverantwortlich hierfür ist der zunehmende Einsatz von
Elektrofahrzeugen im Straßenverkehr. Zwischen 2021 und 2025 wuchs die Stromnachfrage jährlich im Durchschnitt um 10 %, wobei der Anteil des erneuerbaren
Stroms um 13,6 %-Punkte anstieg; letzteres ist auf den fortlaufenden Ausbau der erneuerbaren Energien zurückzuführen. Der Stromeinsatz im Verkehrssektor entfällt
hauptsächlich auf den Schienenverkehr und den Straßenverkehr – und hier insbesondere auf batterieelektrische (BEV) und Plug-in-Hybrid-Pkw (PHEV). Im Jahr 2025
wurden im Schienenverkehr etwa 11,5 TWh / 41,4 PJ und im Straßenverkehr rund
7,3 TWh / 26,3 PJ elektrische Energie genutzt (Abb. 5.2; [42]).

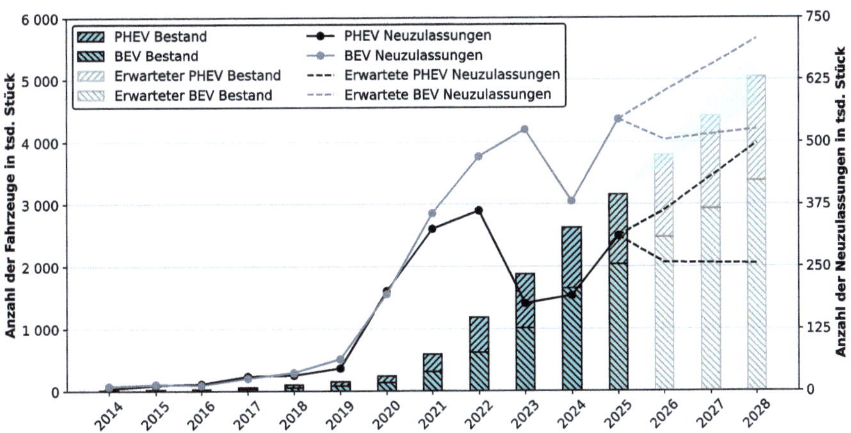

Abb. 5.3 Bestand und Neuzulassungen an BEV (batterieelektrische Pkw) und PHEV (Plug-in-
Hybrid-Pkw) in Deutschland [61, 62].

Nachfolgend wird die derzeitige Situation für Personenkraftwagen (Pkw) und
Nutzfahrzeuge (u. a. Lkw) diskutiert.

- Personenkraftwagen. Die Entwicklung im Pkw-Segment zeigt ein gemischtes Bild
  (Abb. 5.3). Nach einem deutlichen Rückgang der Neuzulassungen für BEV im
  Jahr 2024 erholten sich im Jahr 2025 die Neuzulassungszahlen. Nachdem 2024
  noch 13,5 % (2023: 18,4 %) aller Neuzulassungen auf Elektroautos entfielen,
  stieg dieser Anteil 2025 wieder auf 19,1 % [61]. Hauptursache für den deutlichen Rückgang im Jahr 2024 war der vorzeitige Wegfall des Umweltbonus, der
  insbesondere durch die angespannte Haushaltslage nach dem Urteil zum Klima-
  und Transformationsfonds beeinflusst wurde. Der Entfall von 60 Milliarden Euro
  aus dem Klima- und Transformationsfonds im Jahr 2023 sowie die Einhaltung
  der Schuldenbremse führten zu erheblichen Kürzungen öffentlicher Investitionen

in die Verkehrswende. Dies wirkte sich unmittelbar auf die Kaufentscheidungen vieler potenzieller Käufer von Elektro-Pkw aus. Im Vergleich zum Vorjahr 2024 stieg auch die Zahl der insgesamt zugelassenen Pkw im Jahr 2025 auf 2,86 Mio. Neuzulassungen (+1,4 %). Gleichzeitig stieg das Durchschnittsalter der Pkw in Deutschland kontinuierlich an – von 6,9 Jahren im Jahr 2000 auf 10,9 Jahre im Jahr 2026 (Stand: 01.01.2026) [155]. Sollte sich dieser Trend fortsetzen, verlängert sich der sogenannte Turnover der Fahrzeugflotte (also der Zeitraum, bis die Fahrzeugflotte einmal vollständig ersetzt wurde) immer weiter; dies hat dann auch zwingend Auswirkungen auf die Transformation der Fahrzeugflotte und verlangsamt die Verkehrswende.

Eine weitere Verschiebung im Markt zeigt sich in der zunehmenden Beliebtheit von Hybridfahrzeugen ohne externe Lademöglichkeit (HEV). Diese Fahrzeuge, die ihre Batterie ausschließlich über Rekuperation und den Betrieb des Verbrennungsmotors laden, erreichten 2025 mit 816 111 Neuzulassungen einen neuen Höchststand [61]. Während sie den Kraftstoffverbrauch und die CO_2-Emissionen im Vergleich zu reinen Verbrennermodellen reduzieren können, verlangsamen sie zugleich die vollständige Elektrifizierung des Verkehrssektors. Aus Nutzersicht verbinden HEV bei entsprechender Nutzung einige Vorteile konventioneller Fahrzeuge mit einer teilweisen Elektrifizierung des Antriebs (und damit beispielsweise auch die Möglichkeit zur Rekuperation). Insbesondere entfallen Ladeinfrastrukturabhängigkeit und Reichweitenbeschränkungen, während gleichzeitig ein geringerer Kraftstoffverbrauch erreicht werden kann.

Parallel dazu spielen auch regulatorische Rahmenbedingungen eine Rolle für die zunehmende Verbreitung dieser Fahrzeugkategorie. Staatliche Kaufprämien für Plug-in-Hybride wurden bereits 2023 abgeschafft, und auch batterieelektrische Fahrzeuge erhalten seit Ende 2023 keine direkte Kaufprämie mehr (Stand: März 2026). Für Hersteller stellen HEV zudem eine vergleichsweise kosteneffiziente Möglichkeit dar, die CO_2-Flottengrenzwerte nach WLTP-Zyklus einzuhalten. Durch die Kombination eines Verbrennungsmotors mit elektrischer Unterstützung können die zertifizierten Emissionen gegenüber konventionellen Antrieben reduziert werden, ohne die technischen und infrastrukturellen Anforderungen vollelektrischer Fahrzeuge erfüllen zu müssen. Allerdings ist unklar, ob diese Strategie langfristig tragfähig bleibt, insbesondere falls die CO_2-Grenzwerte weiter verschärft oder regulatorische Anpassungen vorgenommen werden. Darüber hinaus sind mögliche CO_2-Einsparungen über (P)HEV in der Flotte nur schwer kalkulier- und planbar, da diese stark vom individuellen Nutzerverhalten abhängen.

- Nutzfahrzeuge. Auch im Nutzfahrzeugsektor schreitet die Elektrifizierung voran, wenn auch mit unterschiedlichen Dynamiken (Abb. 5.4). Besonders im städtischen Lieferverkehr bieten batterieelektrische Lastkraftwagen (Lkw) erhebliche Vorteile hinsichtlich Lärmschutz und Emissionsreduzierung. Der Bestand elektrischer Nutzfahrzeuge wächst dabei vor allem im Segment der leichten Nutzfahrzeuge unter 2 t Nutzlast, da sie dieselbe Ladeinfrastruktur wie Pkw nutzen können und somit von der bestehenden bzw. im Ausbau befindlichen Infrastruktur profitieren. Die Elektrifizierung schwerer Nutzfahrzeuge über 2 t bleibt dagegen weiterhin hinter den Neuzulassungen von Diesel-Lkw zurück [62]. Dennoch ist mit einer Zunahme der batterieelektrischen Neuzulassungen in diesem Segment zu rechnen, insbesondere mit dem wachsenden Fahrzeugangebot und dem Ausbau einer spezifischen Ladeinfrastruktur (Megawatt Charging System (MCS)) für schwere Nutzfahrzeuge.

Im Jahr 2025 betrug der Bestand an batterieelektrischen Lkw in Deutschland 92 312 Fahrzeuge – ein Anstieg von 16,9 % gegenüber dem Jahr 2024, in dem 78 952 Fahrzeuge registriert waren [62]. In den kommenden Jahren dürfte sich dieser Trend fortsetzen; dies gilt insbesondere für leichte Nutzfahrzeuge bis 3,5 t. Zudem wird erwartet, dass auch schwere Nutzfahrzeuge, insbesondere Depotfahrzeuge mit festen Einsatzprofilen, verstärkt elektrifiziert werden, da ihre operativen Kosten bereits heute deutlich unter denen dieselbetriebener Alternativen liegen [156, 157].

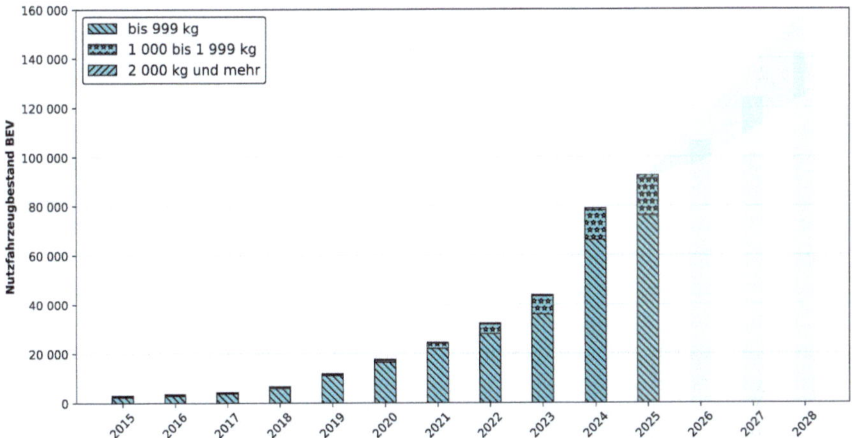

Abb. 5.4 Bestand von batterieelektrischen Nutzfahrzeugen nach Nutzlast in Deutschland [62].

Die Elektrifizierung des Verkehrssektors schreitet somit voran, wenngleich strukturelle und wirtschaftliche Herausforderungen sowie wechselnde politische Zielvorgaben die Ausbaudynamik stark beeinflussen. Während der Anteil erneuerbarer Energien am Stromverbrauch im Verkehrssektor steigt, wirken sich finanzielle Rahmenbedingungen und regulatorische Anpassungen unmittelbar auf die Marktentwicklung aus. Die kommenden Jahre werden zeigen, inwiefern die derzeitige Marktentwicklung und Infrastrukturpolitik die angestrebte Verkehrswende weiter vorantreiben oder verlangsamen.

Perspektiven

Die Entwicklung des Stromverbrauchs im Verkehrssektor wird in den kommenden Jahren maßgeblich von der zunehmenden Elektrifizierung der straßengebundenen

Mobilität bestimmt. Eine lineare Fortschreibung der aktuellen Trends lässt erwarten, dass der Bruttostromverbrauch im Verkehrssektor jährlich um etwa 1,4 TWh / 5,0 PJ steigt und bis 2028 bei bis zu 23 TWh / 82,8 PJ liegen könnte (Abb. 5.2).

Parallel dazu wird der fortlaufende Ausbau der Nutzung des erneuerbaren Energieangebots dazu führen, dass der Anteil von „grünem" Strom im Verkehrssektor in den kommenden Jahren weiter zunimmt. Besonders der Hochlauf der Elektromobilität wird diesen Trend verstärken. Jedoch können Haushalte mit einer eigenen Photovoltaikanlage und einer Wallbox einen erheblichen Teil des Ladestroms selbst erzeugen; dieser wird dann nicht in den offiziellen Stromverbrauchsstatistiken erfasst. Diese Tatsache könnte den gemeldeten Anstieg der Stromnachfrage im Verkehrssektor unterschätzen und die tatsächliche Elektrifizierungsdynamik verzerren, zumal sich die Kombination aus privater Solaranlage, Heimladung und batterieelektrischem Fahrzeug einer wachsenden Beliebtheit erfreut.

Ein ähnlicher Trend könnte sich in der gewerblichen Nutzung abzeichnen. Insbesondere Depotfahrzeuge, wie sie beispielsweise von Logistikunternehmen betrieben werden, könnten vermehrt mit einer eigenen Ladeinfrastruktur und einer Photovoltaikstromerzeugung betrieben werden; dies würde die betriebswirtschaftlichen Vorteile batterieelektrischer Fahrzeuge weiter verstärken.

Die steigenden Neuzulassungen batterieelektrischer Lkw – insbesondere im Segment bis 3,5 t – deuten darauf hin, dass auch diese Technologie in der Praxis angekommen ist. In den kommenden Jahren wird sich dieser Trend voraussichtlich auf zunehmend schwerere Fahrzeuge bis 7,5 t und erste Sattelzugmaschinen im Depotbetrieb ausweiten. Langstrecken-Lkw hingegen dürften erst mit dem geplanten Ausbau von Megawatt-Ladesystemen umfassender elektrifiziert werden, sodass ihre Marktdurchdringung zunächst nur langsam voranschreiten dürfte.

Zudem werden in den kommenden Jahren viele Plug-in-Hybride (PHEV), die ursprünglich als Dienstfahrzeuge angeschafft wurden, verstärkt auf dem Gebrauchtwagenmarkt erscheinen und damit in den Privatbesitz übergehen. Dabei unterscheidet sich der reale elektrische Fahranteil erheblich zwischen privaten und dienstlich genutzten PHEV: Während Privatnutzer im Durchschnitt 45 bis 49 % ihrer Fahrstrecke elektrisch zurücklegen, beträgt dieser Anteil bei Dienstwagen lediglich 11 bis 15 %. Mit dem Übergang in den Privatbesitz wird sich daher potenziell der durchschnittliche elektrische Fahranteil dieser Fahrzeuge erhöhen. Dies könnte in den kommenden Jahren zu einer stärkeren Nutzung von Strom aus erneuerbaren Energien im Verkehrssektor beitragen [158].

Eine weitere Unsicherheit ergibt sich aus der politischen Rahmensetzung bzw. deren Fortschreibung. Die ab Januar 2026 gültige E-Auto-Förderung könnte zu einem deutlichen Anstieg der BEV-Neuzulassungen führen. Gleichzeitig stellen Hybridfahrzeuge ohne externe Lademöglichkeit (HEV) derzeit die kosteneffizienteste Option für Hersteller dar, um die bestehenden CO_2-Flottengrenzwerte zu erfüllen. Diese Grenzwerte stehen jedoch nach wie vor in der Diskussion: Eine ursprünglich für 2026 geplante Überprüfung der CO_2-Flottengrenzwerte wurde vorgezogen und als Ergebnis wurde eine Aufweichung der Zielstellung für das Jahr 2035 diskutiert, d. h. eine Abkehr vom vollständigen Verbot von Verbrennungsmotoren bei den Neuzulassungen ab Mitte der 2030er Jahre. Darüber hinaus gibt es Anzeichen, dass auch die langfristige regulatorische Planung für den Ausstieg aus dem Verbrennungsmotor überdacht wird. Investitionen einiger deutscher Automobilhersteller in verbrennungsmotorische Technologien legen nahe, dass die Branche auf eine Verlängerung der Übergangsfrist hinarbeitet [159–162]. Dies könnte dazu führen, dass Plug-in-Hybride (PHEV) und HEV wieder verstärkt als Erfüllungsoption für CO_2-Vorgaben in den Fokus rücken. Zudem bleibt unklar, welche Rolle synthetische Kraftstoffe (E-Fuels) in zukünftigen Regulierungsszenarien spielen werden.

Zweifelfrei steht aber fest, dass – sollen die ambitionierten Klimaschutzziele im Mobilitätssektor erreicht werden und das derzeitige Mobilitätsverhalten weitgehend erhalten bleiben – ein massiver Ausbau der Elektromobilität unausweichlich ist.

5.3 E-Fuels

E-Fuels, auch strombasierte Kraftstoffe genannt, sind eine potenziell nachhaltige Alternative zu fossilen Kraftstoffen, sofern sie aus Strom aus erneuerbaren Energien und nicht-fossilen Rohstoffen (N_2, CO_2 aus rezenten Quellen) hergestellt werden. E-Fuels können eine Vielzahl unterschiedlicher Kraftstoffformen umfassen; sie können als konventionelle Kraftstoffe, wie Benzin, Kerosin, Diesel oder Methan (SNG, LSNG) und auch als alternative Kraftstoffformen wie Wasserstoff (H_2), Methanol (CH_3OH), Ammoniak (NH_3) oder Ether (Dimethylether (DME), Polyoxymethylendimethylether (OME)) dem Mobilitätssektor verfügbar gemacht werden. Der Energieumwandlung von elektrischer Energie in chemische Energie erfolgt für die Herstellung aller derartiger Kraftstoffe durch die Wasserelektrolyse, bei der Wasser elektrochemisch in Wasserstoff (H_2) und Sauerstoff (O_2) aufgetrennt wird. Der Wasserstoff kann dann als Kraftstoff direkt genutzt oder durch nachfolgende Synthese- und Weiterverarbeitungsverfahren in die zuvor genannten gasförmigen oder flüssigen Kraftstoffe umgewandelt werden. Der Vorteil einer derartigen Weiterverarbeitung zu Kraftstoffen, welche die gültigen Kraftstoffnormen einhalten, besteht darin, dass die bestehende, auf fossile Kohlenwasserstoffe ausgerichtete, Infrastruktur sowie die Fahrzeuge der Bestandsflotte weiterhin problemlos genutzt werden können.

Für die Herstellung konventioneller, kohlenstoffbasierter Kraftstoffe wird zusätzlich zum Wasserstoff Kohlenstoff benötigt, der typischerweise in Form von CO_2 bereitgestellt wird. Die ausgehend von diesen Ausgangsstoffen benötigten Umwandlungsschritte bis zum strombasierten Kraftstoff sind jedoch mit erheblichen energetischen Verlusten und daraus resultierenden ökonomischen Aufwänden behaftet. Daher sind E-Fuels in den meisten vergleichsweise einfach direkt elektrifizierbaren Anwendungen, wie dem straßengebundenen Verkehr, zumeist keine aus technoökonomischer Sicht konkurrenzfähige Alternative zu batteriebetriebenen Optionen. Deshalb werden E-Fuels insbesondere für die Anwendungsbereiche diskutiert, die flüssige Kraftstoffe mit einer hohen gravimetrischen und volumetrischen Energiedichte erfordern. Dies sind vorwiegend die internationale Luft- und Schifffahrt (hier müssen lange Strecken unter Gewichts- bzw. Volumenbeschränkungen zurückgelegt werden) und – eingeschränkter – Sonderfahrzeuge (u. a. Militär- und Baumaschinen).

Stand

Für die Produktion von Wasserstoff (H_2) aus Strom aus erneuerbaren Energien über die Wasserelektrolyse existieren in Deutschland bereits mehrere Demonstrations- sowie industrielle Produktionsanlagen mit einer Gesamtkapazität von über 150 MW elektrischer Anschlussleitung [163]. Dabei wird der produzierte Wasserstoff nicht ausschließlich für Kraftstoffanwendungen, sondern ebenfalls für einen Einsatz in anderen Sektoren wie beispielsweise der Stahlproduktion oder der Chemieindustrie eingesetzt. Der Einsatz von Wasserstoff im Straßenverkehr belief sich auf ca. 60 t im Jahr 2024, die jedoch nicht im Rahmen der THG-Minderungsquote angerechnet wurden und nicht zwingend grünen Ursprungs sein müssen [164, 165].

Für die Weiterverarbeitung des Wasserstoffs zusammen mit CO_2 zu kohlenstoffbasierten Kraftstoffen befinden sich derzeit mehrere Pilot- und Demonstrationsanlagen in einem (Test-)Betrieb oder in der Entwicklungsphase. Eine Prozessanlage zur Produktion auf einem großskaligen Maßstab existiert aber weder in Deutschland noch weltweit. Ein Beispiel einer Kohlenwasserstoffproduktionsanlage auf Basis von Wasserstoff und CO_2 ist die Power-to-Liquid-Anlage in Werlte, Niedersachsen [166]. Diese Anlage ist für eine Produktion von 350 t/a ausgelegt und produziert sogenanntes Syncrude, welches nach einer Weiterverarbeitung (dem Hydrotreatment) in die Kohlenwasserstofffraktionen Benzin, Kerosin und Diesel aufgetrennt werden kann. Eine weitgehend baugleiche Anlage ist in Hamburg für eine Kraftstoff- und Wachsproduktion vorhanden [167]. Neben diesen Demonstrationsprojekten sind ebenfalls finale Investitionsentscheidungen von Prozessanlagen in Deutschland in der Größenordnung von bis zu 2 500 t/a gefallen [168, 169]; eine dieser Anlagen – die kommerzielle e-Fuel-Produktionsanlage von INERATEC in Frankfurt-Höchst – produziert seit Mai 2025 nachhaltige synthetische Kraftstoffe in einem industriellen Maßstab [170].

Da die großtechnische Produktion strombasierter Kraftstoffe insbesondere in Ländern mit großen, bisher ungenutzten Potenzialen erneuerbarer Energien umsetzbar scheint, ist mittelfristig der Anlagenaufbau außerhalb von Deutschland und somit der Import von E-Fuels zu erwarten. Dabei sind die Projektankündigungen im Bereich E-Fuels international sehr dynamisch; jedoch wurden bisher nur wenige finale Investitionsentscheidungen getroffen. Ein Großteil der angekündigten Produktionen dient der Herstellung von Kerosin, Methanol oder Ammoniak.

Perspektiven

Die derzeit nur geringen Mengen an produzierten E-Fuels und der schleppende Aufbau von Produktionskapazitäten resultieren vorwiegend aus den deutlich höheren Produktionskosten im Vergleich zu fossilen oder biogenen Kraftstoffen. Dabei ist insbesondere die Produktion von Wasserstoff auf Basis von elektrischer Energie aus erneuerbaren Energien besonders teuer. Zukünftige Kostenreduktionen sind im Rahmen einer großskaligen, industriellen Elektrolyseurproduktion sowie durch eine weitere Absenkung der Stromgestehungskosten zu erwarten. Für die Produktion von Wasserstofffolgeprodukten, wie kohlenstoffbasierten Kraftstoffen, kann darüber

hinaus durch die Skalierung von Produktionsanlagen eine Kostensenkung gegenüber
der heute kleinskaligen Produktion erwartet werden.

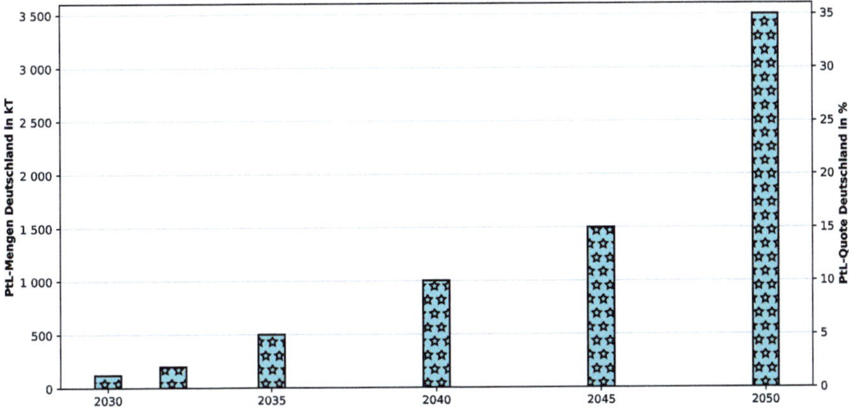

Abb. 5.5 PtL-Mengen und Quoten nach EU-Regulatorik.

Regulatorische Anreize für die Nutzung strombasierter Kraftstoffe bestehen derzeit vorwiegend in der Luftfahrt, da hier eine ausreichende Versorgung über Biokraftstoffe sowie eine direkte Elektrifizierung der Mittel- und Langstreckenflüge
bis 2050 nicht realistisch erscheinen [171–173]. Abb.5.5 zeigt die Entwicklung der
Quote an E-Fuels an der Gesamtmenge des eingesetzten Kerosin für den zivilen
Luftverkehr. Die dargestellten Mengen entsprechen der Annahme einer konstanten
jährlichen Kerosinnachfrage von 10 Mio. t. Demnach steigt nach den heute gültigen
EU-Vorgaben (ReFuelEU Aviation) der Anteil der E-Fuels an den auf nationalem
Territorium vertankten Kerosinmengen ab 2030 von 0,7 % bis 2050 auf 35 % pro
Jahr.

E-Fuels sind in einzelnen Sektoren / Anwendungsbereichen eine voraussichtlich
notwendige Alternative zu fossilen Kraftstoffen. Aufgrund des hohen technischen
und ökonomischen Aufwands der Herstellung sind jedoch weitreichende regulatorische Anreize notwendig, um einen Markthochlauf zu gewährleisten.

Kapitel 6
Zusammenfassung und Ausblick

Chris Drawer*, Martin Kaltschmitt, Volker Lenz, Felix Mendler, Eric Nitschke

Im Jahr 2025 kam es insgesamt zu einer Zunahme der Nutzung des erneuerbaren Energieangebots innerhalb des deutschen Energiesystems. Jedoch zeigen sich nach wie vor deutliche Unterschiede zwischen den Bereichen Strom, Wärme und Verkehr sowohl in Bezug auf die absolute Nutzung als auch hinsichtlich der aktuellen Entwicklungen.

- Der Anteil erneuerbarer Energien an der Bruttostromerzeugung sank im Vergleich zum Vorjahr um 0,6 %-Punkte und lag Ende 2025 bei einem Anteil von knapp 57,2 %. Die installierte Leistung von Anlagen zur Nutzung erneuerbarer Energien stieg von 191 GW im Jahr 2024 auf 214 GW im Jahr 2025. Absolut lag die daraus realisierte „grüne" Bruttostromerzeugung 2025 bei 290,2 TWh.
- Die Wärmebereitstellung mittels erneuerbarer Energien stieg um 6,3 %-Punkte an und nahm damit einen Anteil von 19,0 % an der Gesamtwärmebereitstellung ein. Insgesamt wurden 209,8 TWh / 755,5 PJ an „grüner" thermischer Energie im deutschen Energiesystem genutzt.
- Der Einsatz von erneuerbaren Energien im Verkehrssektor war mit 47,8 TWh / 172 PJ im Jahr 2025 leicht steigend; im direkten Vergleich zum Vorjahr (2024) steigerte sich der prozentuale Einsatz der erneuerbaren Energien um 0,6 %-Punkte auf 8,0 %.

6.1 Stand

Im Folgenden werden die unterschiedlichen Sektoren im Detail zusammengefasst und ein kurzer Überblick über die wesentlichen Kennzahlen der einzelnen Technologien aus dem Strom-, Wärme- und Mobilitätsbereich gegeben.

---

* Autoren in alphabetischer Reihenfolge.

6.1.1 Strom

Analog zu den Vorjahren sind die dominierenden Technologien sowohl im Zubau als auch bei den Anteilen an den erneuerbaren Energien zur Stromerzeugung die Photovoltaik sowie die (Onshore-)Windenergie. Eine deutlich untergeordnete Rolle spielen die Biomasse-basierten Technologien (feste Biomasse und Biogas) und die Wasserkraft sowie insbesondere die tiefe Geothermie, deren Beitrag zur Stromerzeugung in Deutschland nahezu vernachlässigbar war.

- Die installierte Leistung aus Onshore-Windenergie stieg im Jahr 2025 auf 68,1 GW; dies entspricht einer Steigerung gegenüber dem Vorjahr von 4,6 GW. Gleichzeitig sank die Stromerzeugung aus Onshore-Windenergie in Deutschland von 117,9 TWh (2023) und 113,7 TWh (2024) auf 107,2 TWh (2025); dies ist auf durchschnittlich geringere mittlere Windgeschwindigkeiten im Jahr 2025 zurückzuführen, da im Jahr 2023 ein überdurchschnittlich hohes Windaufkommen zu verzeichnen war – das windstärkste Jahr seit über 20 Jahren – und im letzten Jahr 2025 voraussichtlich ein durchschnittliches oder sogar unterdurchschnittliches Windaufkommen gegeben war. Der Anteil von Onshore-Windenergie an der „grünen" Stromerzeugung sank auf knapp 37 %.
- Wie auch schon im Jahr 2024 konnte die installierte Leistung an Offshore-Windenergie einen leichten Zubau verzeichnen; die installierte Leistung nahm im Jahr 2025 um 5 % auf 9,7 GW zu. Dies machte sich auch in einem um 2 % gestiegenen Aufkommen an bereitgestelltem Strom bemerkbar; insgesamt lag die Offshore-Windstromerzeugung bei 26,5 TWh (2025). Der Anteil von Offshore-Windenergie an der Stromerzeugung aus erneuerbaren Energien stieg damit auf 9 %.
- Einen signifikanten Zuwachs an installierter Leistung war im Jahr 2025 im Bereich der Photovoltaik zu verzeichnen, die mit einer Ende 2025 installierten Leistung von 117,7 GW eine Steigerung in Höhe von knapp 17 % gegenüber dem Vorjahr verbuchte. Die bereitgestellte Menge an Strom stieg von rund 76 TWh im Jahr 2024 auf knapp 92 TWh im Jahr 2025. Der photovoltaische Anteil an der Stromerzeugung aus regenerativen Energien stieg dadurch insgesamt auf 32 %.
- Die installierte Leistung der Wasserkraft lag im Jahr 2025 – vergleichbar zum Vorjahr – bei 5,9 GW. Aufgrund unterdurchschnittlicher Niederschläge nahm die Stromerzeugung von 22,2 TWh im Jahr 2024 auf 16,9 TWh im Jahr 2025 ab. Der Anteil an der „grünen" Stromerzeugung sank dadurch auf rund 6,9 %.
- Die installierte Leistung der Biomasse-Stromerzeugungsanlagen – biogene Gase und biogene Festbrennstoffe – steigerte sich marginal von 9,4 GW im Jahr 2024 auf 9,5 GW im Jahr 2025. Die damit realisierte Bruttostromerzeugung verringerte sich jedoch im gleichen Zeitraum um ca. 3,9 % auf 47,8 TWh im Jahr 2025.
- Den geringsten Beitrag zur Strombereitstellung aus erneuerbaren Energien leistete die tiefe Geothermie. Im Jahr 2025 verringerte sich die installierte Leistung auf 46,1 MW (-4,8 MW). Die bereitgestellte Strommenge blieb dabei auf einem gleichbleibenden Niveau von 0,2 TWh und trug somit 0,07 % zur Stromerzeugung aus regenerativen Energien in Deutschland bei.

6.1.2 Wärme

Der Anteil der Nutzung erneuerbarer Energien im Wärmebereich wird weiterhin im Wesentlichen von der Biomasse – und hier insbesondere von biogenen Festbrennstoffen – dominiert. Hinzu kommt ein zunehmend steigender Anteil der Umweltwärmenutzung (d. h. von Wärmepumpenapplikationen). Alle anderen Optionen zur Wärmebereitstellung aus regenerativen Energien sind im Kontext des deutschen Energiesystems eher unterkritisch.

- Die durch biogene Brennstoffe (d. h. primär biogene Festbrennstoffe und biogene Gase) bereitgestellte Wärme betrug im Jahr 2025 175 TWh / 631 PJ; dies entspricht mit über 83 % nach wie vor dem Hauptteil der durch erneuerbare Energien in Deutschland bereitgestellten Wärme. Insbesondere biogene Festbrennstoffe (d. h. Stückholz, Hackgut, Pellets) waren mit einer gesamten Wärmebereitstellung von knapp 151 TWh / 542 PJ dabei der wichtigste biogene Energieträger. Im Vergleich zum Vorjahr kam es zu einem Anstieg der Wärmebereitstellung durch biogene Brennstoffe um knapp 5,1 %.
- Die Umweltwärmenutzung hat in den letzten Jahren einen signifikanten Aufschwung erfahren; im Jahr 2025 lag die bereitgestellte Wärme aus Umweltwärme bei knapp 23,3 TWh / 84,0 PJ. Dies entspricht einem Anteil an der Wärmebereitstellung aus erneuerbaren Energien von 11,1 % und einer Steigerung gegenüber dem Vorjahr um 1,1 %-Punkte.
- Die Stagnation der Wärme aus solarthermischen Anlagen setzte sich auch im Jahr 2025 fort; die bereitgestellte Wärme stieg leicht von 8,8 TWh / 31,7 PJ im Jahr 2024 auf 9,2 TWh / 33,1 PJ im Jahr 2025. Der Anteil an der „grünen" Wärme blieb nahezu unverändert bei 4,4 %.
- Eine kontinuierliche Steigerung auf niedrigem Niveau hat in den letzten Jahren die tiefe Geothermie erfahren; die Wärmebereitstellung stieg auf 2,2 TWh / 8,0 PJ (2024: 2,0 TWh / 7,2 PJ). Der Anteil an der Wärme aus erneuerbaren Energien stieg auf 1,1 % (2024: 1,0 %).

6.1.3 Verkehr

Der mit Abstand höchste Endenergieverbrauch im Verkehrssektor resultiert aus dem straßengebundenen Verkehr – und hier insbesondere aus dem Individualverkehr. Der bisherige Fokus beim Einsatz erneuerbarer Energien im Mobilitätssektor liegt beim Einsatz von Biokraftstoffen bzw. der Nutzung von elektrischer Energie in direktelektrischen schienen- und straßengebundenen Fahrzeugen. Demgegenüber haben sogenannte E-Fuels bisher keine energiewirtschaftlich relevante Bedeutung in Deutschland.

- Biokraftstoffe (z. B. Biomethan, Bioethanol, Biodiesel) trugen im Jahr 2025 zur Deckung der Energienachfrage in Höhe von 37,4 TWh / 134,6 PJ im Verkehrssektor bei; dies entspricht einem Anteil von ca. 66,6 % an den im Verkehrssektor insgesamt eingesetzten erneuerbaren Energien.

- Elektrische Energie (d. h. Elektrofahrzeuge im Straßenverkehr und elektrifizierter Schienenverkehr) hatte einen Anteil von etwa 33,4 % an den erneuerbaren Energien im Verkehrssektor. Dieser Beitrag zur Deckung der Energienachfrage im Verkehrssektor lag insgesamt bei 18,7 TWh / 67,5 PJ.
- Sogenannte „E-Fuels" (d. h. Kraftstoffe aus Wasserstoff via Elektrolyse und (regenerativen) Kohlenstoffquellen) wurden im Jahr 2025 nur in marginalen Mengen zu Demonstrationszwecken hergestellt. Eine Größe, die analog zur installierten Leistung der Stromerzeugung aufgegriffen werden kann, ist die installierte Wasserstoffelektrolyseleistung; sie betrug im Jahr 2024 150 MW.

6.1.4 Gesamtübersicht

Eine Zusammenfassung der einzelnen Energieträger aus dem Strom- und Wärmebereich sowie aus dem Mobilitätssektor und deren Einfluss auf den Primärenergieverbrauch ist in Tabelle 6.1 aufgeführt.

Tabelle 6.1 Nutzung erneuerbarer Energien in Deutschland – Stand 2025.

Option	Stromerzeugung[a]		Wärmebereitstellung[b]		Verkehr		Primärenergie[e]	
	in TWh	in %[d]	in TWh	in %[d]	in PJ	in %[d]	in PJ	in %[d]
Windenergie Onshore	107,2	36,9	-	-	-	-	385,9	16,9
Windenergie Offshore	26,5	9,1	-	-	-	-	95,4	4,2
Solarenergie	91,6	31,6	9,2	4,4	-	-	362,9	15,9
Wasserkraft	17,9	6,9	-	-	-	-	64,4	2,8
Biomasse	47,8	16,4	175,3	83,5	134,7	78,4	1 326,0	58,2
Umgebungs-/ Erdwärme	0,2	0,1	25,5	12,1	-	-	45,2[f]	2,0
Strom-Mobilität[c]	-	-	-	-	37,2	21,6	-	-
Summe	290,2	100,0	209,8	100,0	171,9	100,0	2 279,8	100,0

[a] Einschließlich KWK

[b] Endenergieeinsatz; einschließlich Brennstoffeinsatz für KWK-Wärme aus Bioenergie

[c] Informativ, da Bereitstellung im erneuerbaren Strom; keine Doppelanrechnung im Primärenergieeinsatz

[d] Prozentualer Anteil am Mix aus erneuerbaren Energien

[e] Umrechnung elektrischer Energie aus Wasser-, Wind- und Solarenergie sowie Geothermie nach der Wirkungsgradmethode und aus Biomasse gemäß Brennstoffeinsatz

[f] Primärenergieeinsatz für Wärmebereitstellung berechnet mit einem durchschnittlichen COP von 4 und einem Primärenergiefaktor des deutschen Strommixes von 1,8

Diese insgesamt im deutschen Energiesystem genutzte erneuerbare Primärenergie in Höhe von 633,3 TWh / 2 279,8 PJ wird weiterhin mit 64,4 % von der Biomasse dominiert (Tabelle 6.2); dabei handelt es sich zu einem großen Anteil um Holz zur Wärmebereitstellung im Haushaltsbereich. Die Windenergie trägt mit 21,1 %, die Solarenergie (Photovoltaik und Solarthermie) mit 15,9 %, die Wasserkraft mit etwa 2,8 % sowie die Umgebungswärme, die oberflächennahe Erdwärme und die tiefe Geothermie zusammengenommen mit rund 2,0 % zur erneuerbaren Primärenergienachfragedeckung bei.

6.2 Ausblick

Im Folgenden wird ein kurz- bis mittelfristiger Ausblick der zu erwartenden Entwicklungen im Rahmen einer weitergehenden Nutzung des erneuerbaren Energieangebots im Strom-, Wärme- und Mobilitätssektor gegeben. Diese möglichen Entwicklungen sind zwingend mit Unsicherheiten behaftet, die beispielsweise infolge einer potenziell in den kommenden Jahren sich verändernden energie- bzw. klimapolitischen Weichenstellung teils erheblich ausfallen können.

- Der Anteil der erneuerbaren Energien am Primärenergieverbrauch in Deutschland dürfte im Jahr 2028 zwischen minimal 22 % und maximal 25 % liegen.
- In den kommenden Jahren ist ein zunehmender Ausbau der Windenergie – sowohl Onshore als auch Offshore – zu erwarten. Dabei erscheint Onshore eine Bruttostromerzeugung zwischen 133 und 208 TWh im Jahr 2028 möglich; diese große Bandbreite resultiert auch aus dem schwankenden durchschnittlichen Windangebot. Eine kleinere Schwankungsbreite ist beim Ausblick auf das Jahr 2028 für die Offshore-Windenergienutzung zu erwarten; die entsprechende Windstromerzeugung könnte 2028 44 bis 45 TWh erreichen. Ein weiterer starker Zubau ist bei der Photovoltaik mit 124 bis 140 TWh im Jahr 2028 wahrscheinlich. Ein maximalgeringer Ausbau bis zum Jahr 2028 ist bei der Wasserkraft (17 bis 25 TWh) und der tiefen Geothermie (0,2 bis 0,3 TWh) zu erwarten, während bei der Biomasse (44 bis 46 TWh) sogar von einem leichten Rückgang auszugehen ist.
  Mit der abgeschätzten gesamten Bruttostromerzeugung im Jahr 2028 (545 bis 596 TWh) erscheint ein minimaler Anteil der erneuerbaren Energien von 65 % bis zu einem maximalen Beitrag von bis zu 71 % denkbar.
- Bei der Wärmebereitstellung wird zukünftig ein verstärkter Ausbau von tiefer Geothermie und Umweltwärme (35 bis 41 TWh / 126 bis 148 PJ) erwartet, während von der Biomasse (161 bis 169 TWh / 579 bis 609 PJ) ein leichter Rückgang der bereitgestellten Wärme wahrscheinlich ist. Insgesamt lässt sich daraus ein Anteil der erneuerbaren Energien an der insgesamt bereitgestellten Wärme zwischen 20 und 23 % für das Jahr 2028 abschätzen.

Tabelle 6.2 Energetischer Biomasseeinsatz ([42], eigene Abschätzungen).

Wärme	Erzeugung in PJ (2025)	Erzeugung in PJ (2028)	Primärenergie in PJ (2025)	Primärenergie in PJ (2028)
Biogene Festbrennstoffe[a]				
- nur Wärme	370	393 - 405	411[I]	500 - 515[I]
- KWK-Wärme	101	99 - 101	54	52 - 55
Biogas (vorr. KWK-Wärme)	80	78 - 87	4,9[b,III,VII,VIII]	4,1 - 5,5 [b,III,VII,VIII]
Flüssige Bioenergieträger	8,4	9 - 16,2	10,1[b,II]	12 - 16[b,II]
Summe	**560**	**579 - 609**	**540**	**569 - 591**

Strom	Erzeugung in PJ (2025)	Erzeugung in PJ (2028)	Primärenergie in PJ (2025)	Primärenergie in PJ (2028)
Biogene Festbrennstoffe				
- Biomasse	36	35 - 36	147[IV]	141 - 145[IV]
- Abfälle	19	19 - 21	31[V]	31 - 37[V]
Biogas				
- KWK-Prozess	106	97 - 100	430[VI,VII]	392 - 406[VI,VII]
- Biomethan	10	8 - 10	42[VII,VIII,IX]	35 - 42[VII,VIII,IX]
Flüssige Bioenergieträger	1,1	ca. 0,2	0,7[VI,X]	0,5 - 0,6 [VI,X]
Summe	**172**	**159 - 166**	**651**	**600 - 630**

Kraftstoffe	Erzeugung in PJ (2025)	Erzeugung in PJ (2028)	Primärenergie in PJ (2025)	Primärenergie in PJ (2028)
Flüssige Kraftstoffe[X]	121	145 - 300	121	145 - 300
Gasförmige Kraftstoffe	14	24 - 26	14[VII,VIII]	24 - 26[VII,VIII]
Summe	**135**	**169 - 326**	**135**	**169 - 326**

[a] Inklusive biogener Anteil des Abfalls

[b] Das Biomasse-Primärenergieäquivalent bei den Biogas- und Pflanzenöl-BHKW ist bei der Stromerzeugung berücksichtigt

[I] Nutzungsgrad der Umwandlung biogener Festbrennstoffe in Feuerungsanlagen in Wärme in Einzelraumfeuerungen von 75 % und von Kesseln 80 %

[II] Nutzungsgrad der Umwandlung flüssige Bioenergieträger in Feuerungsanlagen in Wärme von etwa 80 %

[III] Nutzungsgrad der Umwandlung von Biomethan in Wärme von 90 %

[IV] Stromwirkungsgrad zur Verstromung fester Biomasse ohne Wärme von 31 % und mit teilweiser KWK von 25 % sowie bei Holzvergaser-BHKW in KWK von 35 %

[V] Stromwirkungsgrad zur Verstromung fester organischer Abfälle mit teilweiser KWK von 20 %, Wärmegutschrift von 80 %

[VI] Elektrischer Nutzungsgrad der Verstromung von Biogas in BHKW mit KWK von 38 % und Pflanzenöl-BHKW von 40 %

[VII] Abbaugrad der Biomasse im Fermenter von 65 % (nur der Biomasseinhalt im Biogassubstrat wird berücksichtigt)

[VIII] Konversionseffizienz der Biomethanaufbereitung von 90 %

[IX] Wirkungsgrad der Umwandlung von Biomethan im BHKW zu Strom von 40 %

[X] Da die Rückstände der Biotreibstoffherstellung als Futtermittel oder energetisch genutzt werden, wird nur der Energiegehalt des Produkts als erneuerbarer Primärenergieaufwand angesetzt

- Der Anteil der erneuerbaren Energien im Verkehrssektor wird derzeit von den biogenen Kraftstoffen (ca. 67 %) dominiert, während elektrische Energie (ca. 33 %) eine deutlich geringere Rolle spielt. Mit der Implementierung der RED II / III im Jahr 2026 ist in der Perspektive bis zum Jahr 2028 mit einem deutlichen Sprung beim Einsatz von Biokraftstoffen zu rechnen. Insofern kann eine Zunahme auf 47 bis 90 TWh / 169 bis 324 PJ erwartet werden. Im Vergleich dazu wird die elektrische Energie (22 bis 23 TWh / 82 bis 84 PJ) trotz einem deutlichen Ausbau voraussichtlich nur eine kleinere Rolle spielen, die hauptsächlich getrieben ist durch die zunehmende Direktelektrifizierung des Straßenverkehrs. Der Anteil der erneuerbaren Energien im Verkehrssektor kann auf 10 bis 15 % im Jahr 2028 prognostiziert werden.

Tabelle 6.3 Mögliche weitergehende Nutzung des erneuerbaren Energieangebots in Deutschland bis 2028.

Option	Stromerzeugung[a] in TWh		Wärmebereitst.[b] in TWh		Verkehr in PJ		Primärenergie[c] in PJ	
	2025	2028	2025	2028	2025	2028	2025	2028
Windenergie onshore	107	133 - 208	-	-	-	-	385	479 - 749
Windenergie offshore	27	44 - 45	-	-	-	-	97	158 - 162
Solarenergie	90	124 - 140	9	8 - 10	-	-	356	475 - 540
Biomasse	47,8	44 - 46	175	161 - 169	135	169 - 324	1 326	1 338 - 1 547
Wasserkraft	18	17 - 25	-	-	-	-	65	61 - 90
Umgebungs[d]-/ Erdwärme	0,2	0,2 - 0,3	25	35 - 41	-	-	45	60 - 70
Strom-Mobilität[e]	-	-	-	-	68	82 - 84	-	-
Summe	290	362 - 464	209	204 - 220	203	251 - 408	2 274	2 571 - 3 158

[a] Einschließlich KWK

[b] Endenergieeinsatz; einschließlich Brennstoffeinsatz für KWK-Wärme aus Bioenergie

[c] Umrechnung elektrischer Energie aus Wasser-, Wind- und Solarenergie sowie Geothermie nach der Wirkungsgradmethode und aus Biomasse gemäß Brennstoffeinsatz

[d] Primärenergieeinsatz für Wärmebereitstellung berechnet mit einem durchschnittlichen COP von 4 und einem Primärenergiefaktor des deutschen Strommixes von 1,8

[e] Informativ, da Bereitstellung im erneuerbaren Strom; keine Doppelanrechnung im Primärenergieeinsatz

Die diskutierten Abschätzungen für die weitere Entwicklung der Nutzung des regenerativen Energieangebots in Deutschland – und das für den Ausbau der erneuerbaren Energien im Strom-, Wärme- und Kraftstoffbereich – sind in Tabelle 6.3 zusammengeführt. Demnach ist ein weiterer Ausbau der Nutzung des erneuerbaren Energieangebots in Deutschland wahrscheinlich; jedoch verläuft die Entwicklung potenziell nicht so schnell, dass die angestrebten Klimagasreduktionsziele auch sicher eingehalten werden können.

Anhang A
Stromerzeugung aus regenerativen Energien weltweit

Luka Bornemann, Tobias Prieß, Eric Nitschke, Martin Kaltschmitt

Im nachfolgenden Abschnitt wird ein Ausblick auf die weltweite Stromproduktion aus regenerativen Energiequellen gegeben. Abb. A.1 zeigt die Entwicklung der globalen Bruttostromerzeugung aus erneuerbaren Energien zwischen den Jahren 2014 und 2024, unterteilt in die wichtigsten, global bedeutsamen Nutzungsoptionen Windenergie, Solarenergie und Wasserkraft sowie sonstige regenerative Energien (d. h. Biomasseverstromung und Stromerzeugung mittels tiefer Geothermie). In den folgenden Unterkapiteln werden die Entwicklungen der installierten Leistungen und der Stromerzeugung von Wind-, Wasser- und Solarenergieanlagen im globalen Kontext über das vergangene Jahrzehnt analysiert. Darüber hinaus erfolgt für Wind- und Solarenergieanlagen eine ergänzende Betrachtung der Herkunftsregionen ihrer Produktionsanlagen.

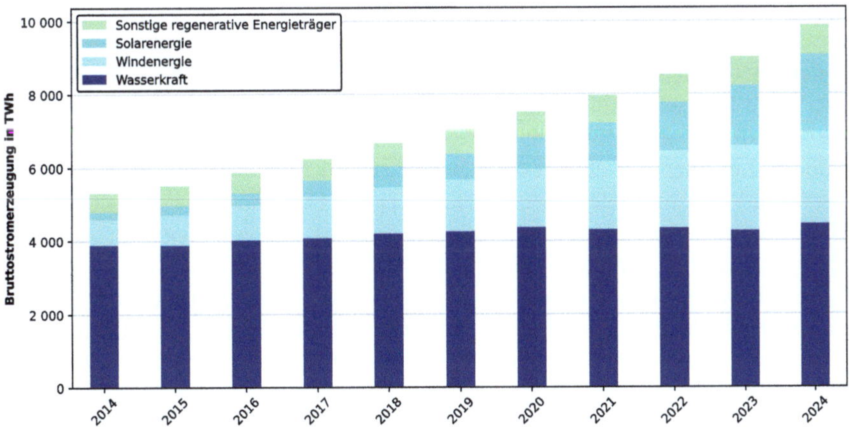

Abb. A.1 Entwicklung der Bruttostromerzeugung aus regenerativen Energien (weltweit) [174].

A.1 Wasserkraft

Die Wasserkraft zählt weltweit zu den wichtigsten erneuerbaren Stromerzeugungs-
technologien und stellt derzeit, nach Kohle und Erdgas, die drittgrößte Stromerzeu-
gungsoption im globalen Kontext dar [175]. Im Folgenden werden daher die Entwicklung der in Wasserkraftanlagen installierten Leistung und der entsprechenden
Stromerzeugung aus Wasserkraft global sowie für ausgewählte Länder und Regionen
betrachtet.

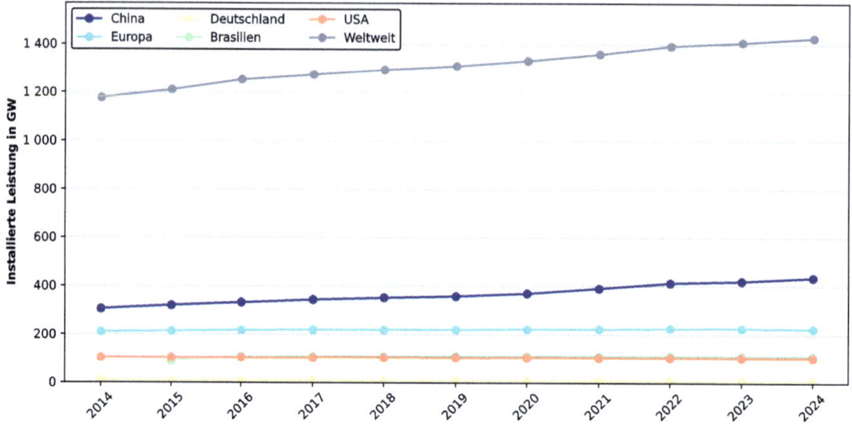

Abb. A.2 Entwicklung der installierten Leistung von Wasserkraft-Anlagen weltweit sowie ausgewählter Länder [176, 177].

Wie in Kapitel 3.3 beschrieben, hat der Ausbau der Wasserkraft in Deutschland
in den letzten Jahren stagniert. Ein Blick auf die weltweit in Wasserkraftwerken
installierte Leistung (Abb. A.2) zeigt hingegen, dass die installierte Leistung der
Wasserkraft global weiterhin moderat wächst. Im Jahr 2024 stieg die weltweit installierte Leistung von etwa 1 409 GW auf rund 1 427 GW; dies entspricht einer
jährlichen Wachstumsrate von etwa 1,25 % [177]. Der Zubau lag damit unter dem
Mittelwert der vorangegangenen 5 Jahre [177, 178]. Für 2025 wird ein Ausbau in
einer vergleichbaren Größenordnung auf 1 452 GW prognostiziert [179].

Der überwiegende Anlagenbestand ist in wenigen Ländern gebündelt. Die acht
Staaten mit der höchsten installierten Wasserkraftleistung (China, Brasilien, Kanada,
USA, Russland, Indien, Türkei und Norwegen) vereinen nahezu zwei Drittel der
weltweit installierten Wasserkraft-Kapazität. Auffällig ist, dass der aktuelle Zuwachs
räumlich zunehmend außerhalb dieser etablierten Kernmärkte stattfindet. Abgesehen
von China wurde der überwiegende Teil der zusätzlichen Kapazität 2024 außerhalb
der „Top-8“ realisiert, und auch die Rangfolge der größten Zubau-Länder weist
darauf hin, dass neben China vermehrt neue und bislang weniger dominante Staaten
den weiteren globalen Ausbau der Wasserkraft prägen [178]. So entfielen rund
90 % der im Jahr 2024 neu installierten Leistung auf Asien und Afrika [178]. Der

Haupttreiber dieses Wachstums ist nach wie vor China, das im Jahr 2024 durch einen Zubau von 14 GW eine installierte Wasserkraftleistung von 436 GW erreicht hat. Damit sind in China rund 30,6 % der weltweit in Wasserkraftanlagen installierten Kapazität vorhanden [177]. Für das Jahr 2025 wird in China ein Wachstum von rund 15 GW [180] erwartet. Die Volksrepublik zeigt sich somit erneut für den Großteil des weltweiten Zubaus verantwortlich.

Vor diesem Hintergrund zeichnet sich zugleich eine strukturelle Verschiebung innerhalb der Wasserkraft ab: Mit dem starken Zubau fluktuierender erneuerbarer Energien verliert die Wasserkraft schrittweise ihre dominante Stellung innerhalb der erneuerbaren Stromerzeugung; der Anteil an der globalen erneuerbaren Erzeugung lag 2024 bereits unter 50 %. Damit verändert sich auch der Schwerpunkt beim Kapazitätsausbau, da vermehrt Flexibilitätsoptionen benötigt werden; deshalb wurden bereits in den Jahren 2023 und 2024 Pumpspeicherkraftwerke in einem größeren Umfang zugebaut als konventionelle (Lauf-)Wasserkraftanlagen, um die variable Einspeisung, insbesondere aus Wind- und Photovoltaikanlagen, im Sinne einer Systemstabilisierung besser auszugleichen zu können [181].

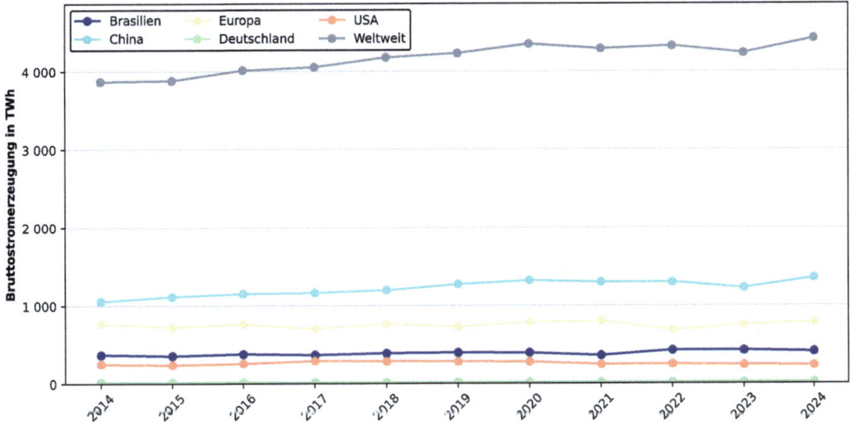

Abb. A.3 Entwicklung der Bruttostromerzeugung aus Wasserkraft-Anlagen weltweit sowie ausgewählter Länder [174].

Der Anstieg der installierten Kapazitäten spiegelt sich auch in der weltweiten Bruttostromerzeugung wider (Abb. A.3). Im Jahr 2024 wurden weltweit rund 4 420 TWh Strom aus Wasserkraft erzeugt. Gegenüber dem Jahr 2023 entspricht dies einem Zuwachs um etwa 187 TWh bzw. 4,4 %. In der längerfristigen Betrachtung wird jedoch deutlich, dass sich der Ausbau der installierten Leistung nicht proportional in einer entsprechend steigenden Stromerzeugung niederschlägt. Während die global installierte Wasserkraftleistung in den letzten fünf Jahren deutlich zunahm (8,9 %), fiel das Wachstum der erzeugten Strommenge insgesamt geringer aus (4,5 %) [174, 178]. Als Ursachen hierfür wirken mehrere Faktoren zusammen. Neben den bereits erwähnten strukturellen Änderungen hin zu mehr Flexibilität und

Lastfolgebetrieb (siehe oben) spielen Effizienzverluste alternder Anlagen sowie veränderte meteorologische Rahmenbedingungen eine entscheidende Rolle [178]. Für das Jahr 2025 wird eine weltweite Erzeugung von ca. 4 480 TWh erwartet [181].

China bleibt, wie auch bei der installierten Leistung, der größte Einzelmarkt. Im Jahr 2024 lag die Wasserkraftstromerzeugung bei rund 1 354 TWh; dies entspricht etwa 30,6 % der weltweiten Erzeugung. In Europa wurden 2024 etwa 788 TWh erzeugt (17,8 % Anteil weltweit), während Deutschland mit 24 TWh einen globalen Anteil von rund 0,5 % beisteuert. Die Entwicklung verlief jedoch höchst unterschiedlich. Während China (10,5 %) und Europa (4,2 %) Zuwächse verzeichneten, sank die Bruttostromerzeugung aus Wasserkraft in Kanada (−18 TWh, −4,9 %) und Brasilien (−13 TWh, −3,0 %) [174]. Für das Jahr 2025 wird in China, Brasilien und den USA jeweils ein leichter Anstieg erwartet [180, 182, 183], während für Deutschland und Europa ein leichter Rückgang der Bruttostromerzeugung erwartet wird [184, 185]. Diese Divergenz verdeutlicht die hohe Abhängigkeit der Wasserkraft von hydrologischen Parametern wie Niederschlag und Schneeschmelze, die auch die beobachtete Heterogenität zwischen den betrachteten Regionen und Ländern zumindest teilweise erklärt (Abb. A.3).

Zusammenfassend wird die Wasserkraft zwar global weiter ausgebaut. Aber ihre Rolle wandelt sich; sie entwickelt sich zunehmend von einer reinen Erzeugungstechnologie hin zu einer strategischen Flexibilitätsoption zur Integration fluktuierender erneuerbarer Energien.

A.2 Windenergie

Die Windenergienutzung zur Stromerzeugung nimmt nicht nur in Deutschland, sondern auch weltweit stetig zu. Deshalb wird nachfolgend die Entwicklung der Windenergienutzung weltweit über die letzten 10 Jahre dargestellt und diskutiert.

A.2.1 Installierte Leistung und Stromerzeugung

Die installierte Nennleistung von Windenergieanlagen stieg im Verlauf der letzten Jahre stetig an (Abb. A.4). Im Jahr 2024 stieg die Nennleistung um 114 GW (+11 %) auf 1 132 GW an. Dies entspricht mehr als der gesamten in Deutschland installierten Nennleistung. Auch hat sich seit 2020 der weltweite Windenergieausbau im Vergleich zu den Vorjahren beschleunigt; dies liegt hauptsächlich in dem verstärkten Ausbau in China begründet. Im Jahr 2024 wurden dort 80 GW Windenergieanlagen neu errichtet; dies entspricht einem Anstieg der installierten Nennleistung um 18 % und ca. 70 % des weltweiten Ausbaus. Damit erreicht China eine installierte Nennleistung von 521 GW (46 % der weltweit installierten Nennleistung). Weitere 13 GW (11 % des weltweiten Zubaus) wurden in europäischen Ländern errichtet, davon 3 GW (3 %) in Deutschland. Zusätzlich wurden in den USA 5 GW (4 %), in Brasilien

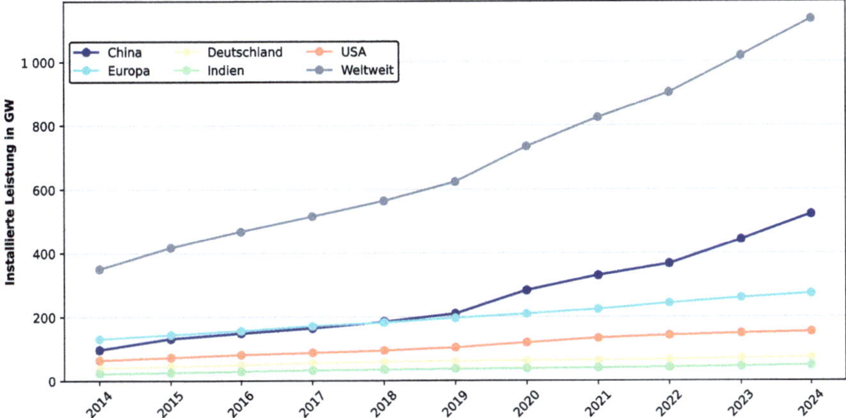

Abb. A.4 Entwicklung der installierten Leistung von Windenergieanlagen weltweit sowie ausgewählter Länder und Regionen [186].

4 GW (3 %) und in Indien 3 GW (3 %) gebaut. Der verbleibende Zubau von 9 GW (8 %) entfallen auf Länder mit einem Zubau unter 2 GW [186].

Für das Jahr 2025 ist eine Fortsetzung dieser positiven Entwicklung zu erwarten. So wird prognostiziert, dass die weltweit installierte Leistung um rund 150 GW ansteigt [187]. Dieser weltweite Zubau basiert hauptsächlich auf dem erwarteten Ausbau in China von rund 120 GW [180]. Jedoch wird auch in Indien (6 GW), den USA (7 GW), Deutschland (5 GW) und Europa (23 GW) ein Zubau erwartet [187].

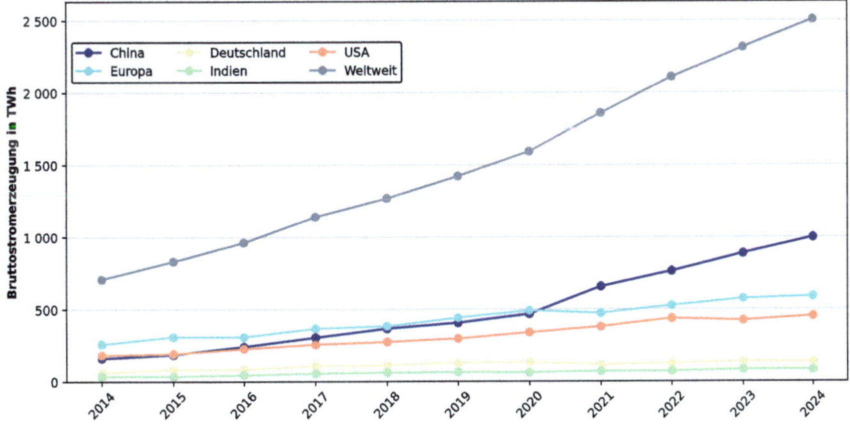

Abb. A.5 Entwicklung der Bruttostromerzeugung aus Windenergieanlagen weltweit sowie ausgewählter Länder und Regionen [188].

Parallel zur installierten Windenergienennleistung stieg auch die Bruttostromerzeugung aus Windenergie im Jahr 2024 (Abb. A.5). Dabei war ein Anstieg um 192 TWh (+8 %) im Vergleich zum Vorjahr auf 2 505 TWh zu verzeichnen. Analog zur installierten Windenergienennleistung wurde der größte Zuwachs in China realisiert, deren Stromerzeugung aus Windenergieanlagen um 112 TWh (+13 %) anstieg und damit 58 % des globalen Zuwachs stellt. In Europa stieg die Stromerzeugung aus Windenergie um 15 TWh, 1 TWh davon in Deutschland. Die Stromerzeugung in den USA stieg um 31 TWh (+7 %), während Indien einen Rückgang von 0,6 TWh gegenüber dem Vorjahr verzeichnete [188].

Auch im Jahr 2025 wird analog zum Anstieg der installierten Leistung ein Anstieg der weltweiten Bruttostromerzeugung auf rund 2 700 TWh erwartet [181]. Auch hierbei entfällt der maßgeblich Anteil auf China, wo ein Anstieg der Bruttostromerzeugung um ca. 130 TWh (+13 % [180]) prognostiziert wird. Ein starker Anstieg ist ebenfalls in Indien zu erwarten (20 TWh; +20 % [189]), während dieser für die USA (30 TWh; +3 % [183]) und Europa (15 TWh; +3 % [187, 189]) moderat prognostiziert wird. Aufgrund schwacher Windverhältnisse erfolgte im Jahr 2025 ein Rückgang der Bruttostromerzeugung in Deutschland (siehe Kap. 3.1.1).

A.2.2 Anlagenfertigung

Im Jahr 2023 wurden weltweit Windenergieanlagen mit einer Nennleistung von 115 GW verkauft. Abb. A.6 zeigt den Marktanteil an den Verkäufen weltweit nach Herkunftskontinent der Produktionsunternehmen. Während europäische und nordamerikanische Unternehmen 26 % und 6 % der installierten Nennleistung verkauften, entfallen 66 % der Verkäufe auf asiatische Unternehmen; dabei kommen alle großen asiatischen Unternehmen aus China. Jedoch verkaufen chinesische Unternehmen fast ausschließlich Windenergieanlagen innerhalb Chinas. Der hohe Marktanteil der chinesischen Unternehmen an den weltweit errichteten Windenergieanlagen entsteht durch Chinas führende Rolle im Windenergieausbau (Abschnitt A.2.1), deren dort installierter Windenergieanlagen zu über 99 % aus eigener Produktion stammen. Außerhalb Chinas dominieren Windenergieanlagen europäischer Unternehmen mit einem Marktanteil von 30 GW (75 %), während 7 GW (18 %) aus Nordamerika stammen. Die größten europäischen Unternehmen sind hierbei die dänische Firma Vestas mit 11 GW (29 %), die deutsch-spanische Firma Siemens Gamesa mit 10 GW (24 %) und Nordex aus Deutschland mit 6 GW (16 %). Der nordamerikanische Anteil entfällt nahezu ausschließlich auf die US-amerikanische Firma General Electric [190].

Innerhalb Deutschlands wurden 2024 mehrheitlich deutsche Windenergieanlagen verbaut. 2,5 GW (61 %) der insgesamt 4,1 GW in Betrieb genommenen Nennleistung stammten dabei von deutschen Unternehmen – und hier mehrheitlich von Nordex (1,1 GW, 26 %), ENERCON (1,0 GW, 25 %) und Siemens Gamesa (0,4 GW, 9 %). Trotz dessen besaß Vestas aus Dänemark mit 1,4 GW (34 %) den größten Marktanteil an den 2024 in Deutschland in Betrieb genommenen Windenergiean-

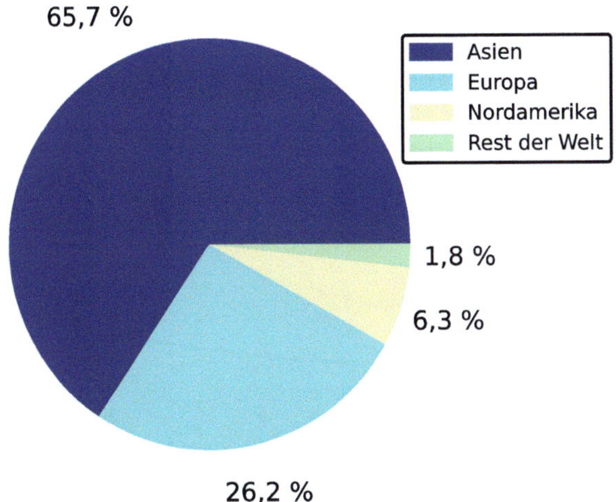

Abb. A.6 Marktanteil an Windenergieanlagen nach Herkunft der Produktionsunternehmen im Jahr 2024 [190].

lagen. Weitere 0,2 GW (5 %) stammten aus den Vereinigten Staaten von General Electric. Im Jahr 2024 gingen mit Ausnahme von (sehr kleinen) Hauswindanlagen keine chinesischen Windenergieanlagen in Deutschland in Betrieb [100].

A.3 Photovoltaik

Der starke Ausbau der Photovoltaik zeigt sich nicht nur in Deutschland, sondern ist ein weltweites Phänomen. Im Folgenden werden daher die weltweit installierte Leistung und Stromerzeugung aus Photovoltaikanlagen sowie die Produktionsstandorte von Photovoltaik-Modulen näher betrachtet.

A.3.1 Installierte Leistung und Stromerzeugung

Wie in Kapitel 3.2 beschrieben, hat der Ausbau der Photovoltaik in Deutschland insbesondere in den letzten Jahren stark zugenommen. Ein Blick auf die weltweit installierte Leistung (Abb. A.7) zeigt, dass dieser Trend global in einem vergleichbaren Ausmaß zu beobachten ist. Im Jahr 2024 stieg die weltweit installierte Photovoltaik-Leistung von etwa 1 413 GW auf rund 1 866 GW; dies entspricht einer jährlichen Wachstumsrate von etwa 32 % (zum Vergleich: Deutschland verzeichnete ein Wachstum von 17 %). Der Haupttreiber dieses Wachstums ist China, das mit einem Zubau von rund 278 GW den größten Anteil an den weltweit neu installierten 453 GW

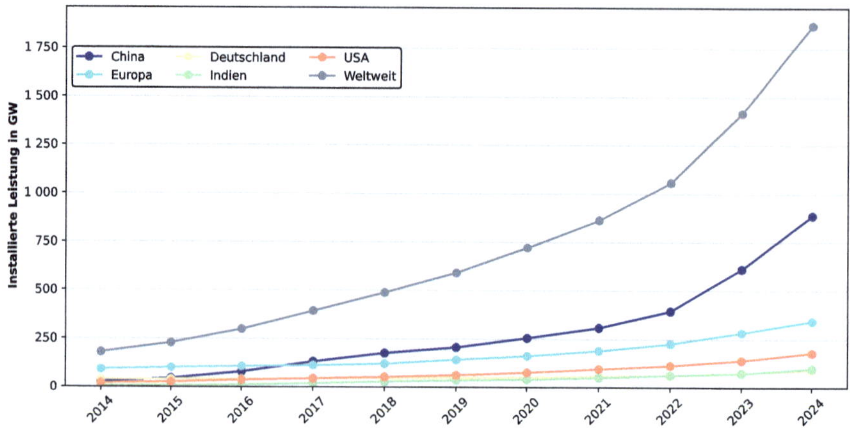

Abb. A.7 Entwicklung der installierten Leistung von Photovoltaik-Anlagen weltweit sowie ausgewählter Länder [191].

besaß. Weitere bedeutende Beiträge kamen aus Europa (60 GW), den USA (37 GW) und Indien (24 GW). Damit entfielen im Jahr 2024 etwa 48 % der weltweit installierten Kapazität auf China, während Europa und Deutschland Anteile von rund 18 % bzw. 5 % erreichten.

China dominiert somit bereits heute den Absatzmarkt und wird diese Position bei einer Fortsetzung der bisherigen Wachstumsraten weiter ausbauen [191]. So wird für das Jahr 2025 ein weltweiter Zubau von ca. 600 GW erwartet [189, 192]. Davon stammen rund 310 GW aus dem Zubau in China [180]. Jedoch setzen auch die weiteren Länder und Regionen ihre positiven Ausbauraten fort. So erfolgte im Jahr 2025 ein Zubau von rund 70 GW in Europa [193] und 17 GW in Deutschland [100]. Für Indien und die USA wird jeweils ein Zubau von 32 GW [194] bzw. 45 GW [192] prognostiziert.

Der Anstieg der installierten Kapazitäten spiegelt sich auch in der weltweiten Bruttostromerzeugung wider (Abb. A.8). Im Jahr 2024 wurden rund 2 128 TWh Strom aus Photovoltaik-Anlagen erzeugt; dies entspricht einem Anstieg von etwa 467 TWh (+28 %) im Vergleich zum Jahr 2023. Auch hier entfiel der Großteil des Wachstums auf China (255 TWh), gefolgt von den USA (65 TWh), Europa (54 TWh), Indien (20 TWh) bzw. Deutschland (10 TWh). Insgesamt erzeugte China im Jahr 2024 etwa 839 TWh; das ist ein Anteil von rund 39 % an der weltweiten Stromproduktion aus Photovoltaik-Anlagen (Europa: 16 %, USA: 14 %, Indien: 6 %, Deutschland: 3 %).

Damit ist China nicht nur der größte Installateur von Photovoltaik-Anlagen, sondern auch der führende Produzent von Solarstrom – mit steigender Tendenz [195]. So wird für das Jahr auf Basis der installierten Leistung eine Bruttostromerzeugung von 1 130 TWh in China erwartet [180]. Dies entspricht rund 41 % der erwarteten weltweiten Bruttostromerzeugung aus Photovoltaikanlagen von ca. 2 750 TWh im Jahr 2025 [181]. Analog dazu wird auch in den weiteren Ländern und Regionen

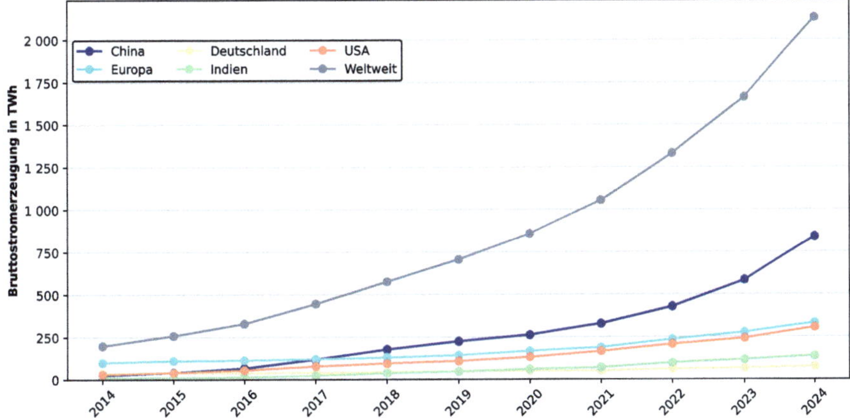

Abb. A.8 Entwicklung der Bruttostromerzeugung aus Photovoltaik-Anlagen weltweit sowie ausgewählter Länder [195].

ein Anstieg der Bruttostromerzeugung erwartet (Europa: 385 TWh [189], Deutschland: 90 TWh [42], Indien: 175 TWh [189], USA: 385 TWh [196]).

A.3.2 Anlagenfertigung

Die Produktion von Photovoltaik-Modulen wird weltweit klar von Asien dominiert (Abb. A.9). Im Jahr 2023 lag die globale Produktionskapazität bei etwa 500 GW; davon entfielen mehr als 95 % (479 GW) auf Asien. Europa (9 GW, 2 %), Nordamerika (8 GW, 2 %) und der Rest der Welt (4 GW, 1 %) spielten hingegen eine untergeordnete Rolle.

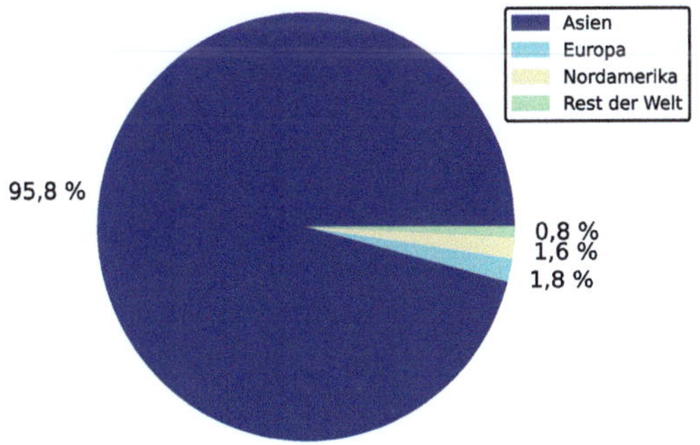

Abb. A.9 Verteilung der weltweiten jährlichen Photovoltaik-Produktionskapazitäten im Jahr 2023 [197].

Innerhalb Asiens dominiert China mit Marktanteilen von über 95 % bei wichtigen Komponenten wie Wafern und Ingots sowie einem Anteil von mehr als 80 % an den weltweit produzierten Modulen [101, 197]. Diese Module werden zu deutlich niedrigeren Preisen als jene europäischer oder US-amerikanischer Hersteller auf dem Weltmarkt angeboten. Die Kostenvorteile Chinas resultieren aus staatlicher Förderung, Skaleneffekten und günstigen Produktionsbedingungen. Dies hat es anderen Märkten erschwert, wettbewerbsfähig zu bleiben, was u. a. in Deutschland im Verlauf der 2010er Jahre zu einer Abwanderung der lokalen Photovoltaikindustrie führte [198].

Somit wurden im Jahr 2022 87 % der in Deutschland installierten Photovoltaik-Module aus China importiert [199]. Die günstigen Beschaffungskosten haben zwar zum schnellen Ausbau der Photovoltaik in Deutschland beigetragen. Diese Marktsituation schafft jedoch auch eine kritische Abhängigkeit von funktionierenden Handelsbeziehungen zu China. Die Sicherstellung stabiler Lieferketten aus Asien bleibt daher essenziell für den weiteren erfolgreichen Ausbau der Photovoltaik in Deutschland.

Anhang B
Regenerative Kraftstoffe weltweit

Jörg Schröder, Kati Görsch

Der weltweite Verkehrssektor ist seit Jahrzehnten durch eine hohe und weiter zunehmende Energienachfrage gekennzeichnet. So hat sich der Energieverbrauch von 1990 bis 2023 nahezu verdoppelt. Auch wenn die Nutzung von Biokraftstoffen sich seit 1990 auf rund 4 700 PJ vervielfacht hat, decken sie lediglich etwa 4 % der gesamten globalen Energienachfrage im Verkehr (Abb. B.1) [200].

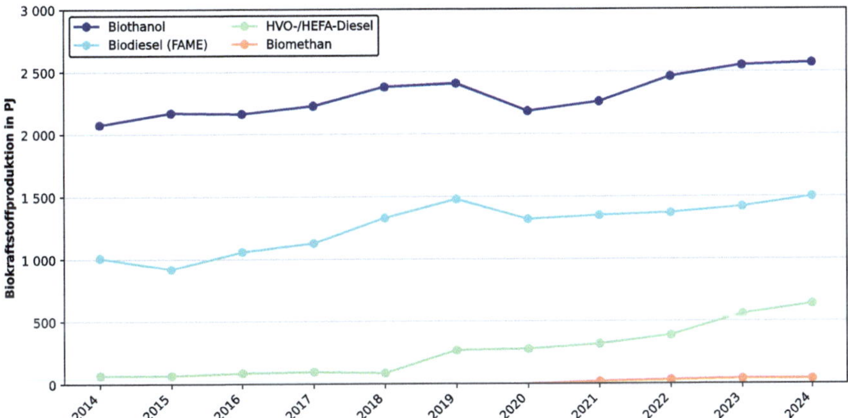

Abb. B.1 Weltweite Biokraftstoff-Produktion (eigene Berechnungen auf Basis von [201, 202].

In Brasilien wurde bereits ab der zweiten Hälfte des 20. Jahrhunderts neben Zucker auch Bioethanol als Kraftstoff produziert. In den 1990er-Jahren lag die Produktionsmenge bei rund 100 PJ (5 Mio. m^3)[a], womit Brasilien den initialen Schwerpunkt

---

[a] Die Originalquellen weisen die Angaben in Kubikmetern oder Tonnen aus. Für flüssige Biokraftstoffe erfolgte die Umrechnung in Energieeinheiten auf Basis von Anhang III der RED II (Energiegehaltes von Brennstoffen; Bioethanol Heizwert: 21 MJ/L, Biodiesel (FAME) Heizwert: 37 MJ/kg, HVO-/HEFA-Diesel Heizwert: 44 MJ/kg) [203]. Bei Biomethan erfolgte die Umrechnung mit einem Heizwert von 36 MJ/m^3 [204].

der weltweiten Biokraftstoffproduktion bildete. Seither sind die Produktionsmengen deutlich gestiegen und erreichten 2024 etwa 2 856 PJ (136 Mio. m^3). Seit Beginn der 2000er Jahre hat sich zusätzlich Biodiesel (FAME) im Markt etabliert. Nach einem über Jahre anhaltenden Wachstum belief sich die Produktion im Jahr 2024 auf etwa 1 665 PJ (45 Mio. t). Darüber hinaus wird seit etwa 2010 auch HVO-/HEFA-Diesel in einem kommerziellen Maßstab hergestellt. Die weltweite Produktionsmenge lag 2024 bei rund 704 PJ (16 Mio. t) [201]. Für die Erreichung der Klimaschutzziele des Pariser Klimaabkommens müssen die Absatzmärkte für Biokraftstoffe weltweit erweitert und neue Anwendungsfelder erschlossen werden; d. h. es müssen zusätzliche Produktionspfade entwickelt werden und bislang wenig genutzte Rohstoffe stärker in den Fokus rücken. Neben den traditionellen Produktionsrouten auf Basis von Energiepflanzen erweitern die Produzenten ihre Aktivitäten im Bereich fortschrittlicher Biokraftstoffe. Dabei richten sie ihre Exportstrategien zumeist auf die europäischen und US-amerikanischen Importmärkte aus.

B.1 Installierte Kapazitäten

Weltweite Produktionskapazität von Bioethanol liegt bei 3 276 PJ (156 Mio. m^3). Ein Teil dieser Kapazitäten – etwa 273 PJ (13 Mio. m^3) – ist jedoch aktuell außer Betrieb oder stillgelegt. 2024 produzierten insgesamt 1 332 Anlagen Bioethanol, bei einer mittleren Auslastung von 78 %. Ethanolanlagen weisen im Mittel eine Kapazität von rund 2 PJ/a (0,1 Mio. m^3/a) auf, wobei auch größere Anlagen mit Kapazitäten von mehr als 11 PJ/a (0,5 Mio. m^3/a) betrieben werden. Zusätzlich zu den bestehenden Anlagen befinden sich weltweit weitere Anlagen mit einer Gesamtkapazität von etwa 84 PJ/a (4 Mio. m^3/a) im Bau sowie rund 840 PJ/a (40 Mio. m^3/a) in unterschiedlichen Planungs- oder Projektierungsphasen. In Europa betragen die installierten Kapazitäten 227 PJ/a (10,8 Mio. m^3/a) (davon etwa 21 PJ/a (1 Mio. m^3/a) in Deutschland), verteilt auf 168 Anlagen. Die Anlagen sind dabei nicht strikt auf Ethanol-Kraftstoff als Verwendungszweck ausgerichtet, sondern produzieren zusätzlich Ethanol für die stoffliche Nutzung. In Deutschland beispielsweise stellen lediglich 12 der insgesamt 17 Anlagen Bioethanol für den Kraftstoffsektor her [205, 206].

   Weltweit bestehen Produktionskapazitäten von rund 2 864 PJ (77,4 Mio. t) für Biodiesel (FAME). 648 Anlagen mit einer Gesamtkapazität von etwa 2 664 PJ/a (72 Mio. t/a) waren 2024 mit einer mittleren Auslastung von 72 % in Betrieb. Die einzelnen Produktionsstätten verfügen im Mittel über eine Kapazität von rund 4 PJ/a (0,1 Mio. t/a); es werden aber auch deutlich größere Anlagen mit über 19 PJ/a (0,5 Mio. t/a) betrieben. Weltweit befinden sich darüber hinaus zusätzliche Kapazitäten von etwa 562 PJ/a (15,2 Mio. t/a), verteilt auf 173 Anlagen, in der Planungsphase. In Europa sind 201 Anlagen mit einer Gesamtkapazität von 762 PJ/a (20,6 Mio. t/a) in Betrieb und in Deutschland 31 Anlagen mit zusammen etwa 155 PJ (4,2 Mio. t/a) [206].

   Zur Herstellung der paraffinische Kraftstoffe HVO-/HEFA-Diesel und HEFA-SPK wird die HEFA-Technologie eingesetzt. Derzeit sind weltweit 93 Anlagen mit einer Gesamtkapazität von rund 1 417 PJ/a (32,2 Mio. t/a) in Betrieb. Zusätzlich befinden sich 13 weitere Anlagen mit einer Kapazität von etwa 123 PJ/a (2,8 Mio. t/a) im Bau, während 125 Anlagen mit insgesamt rund 2 596 PJ/a (59 Mio. t/a) in Planung oder Projektierung sind. An 28 bestehenden Anlagen ist bis zum Jahr 2030 eine Erweiterung der Produktionskapazitäten um insgesamt etwa 484 PJ/a (11 Mio. t/a) vorgesehen. Die Größe der einzelnen Anlagen variiert dabei erheblich und reicht von etwa 0,4 PJ (0,01 Mio. t/a) bis zu etwa 88 PJ/a (2 Mio. t/a). In Europa sind aktuell 45 Anlagen mit einer Gesamtkapazität von etwa 339 PJ/a (7,7 Mio. t/a) in Betrieb. In Deutschland wird HEFA-SPK bislang nur in einer Anlage erzeugt: in der BP-Raffinerie in Lingen mit einer Kapazität von rund 3 PJ/a (0,07 Mio. t/a) im Rahmen der Mitraffination [206].

Die Bereitstellung von Biomethan als Kraftstoff erfolgt über die Technologie der anaeroben Vergärung. Die installierten Produktionskapazitäten und die Nutzung im Verkehrssektor unterscheiden sich jedoch deutlich zwischen verschiedenen Weltregionen. Biomethan kann in allen Anwendungsbereichen als erneuerbare Alternative zu fossilem Erdgas genutzt werden. In vielen Produktionsländern wird es vor allem stationär zur Erzeugung von Strom und Wärme eingesetzt. Ein weiterer Teil der Produktion wird zu Bio-LNG verflüssigt. Die Größe der Anlagen zur Biomethanproduktion variiert stark und hängt von der regional verfügbaren Biomasse ab. Entsprechend reicht die installierte Leistung einzelner Anlagen von etwa 0,5 bis 20 MW. Mit 166 PJ/a (4,6 Mrd. m^3/a) der weltweit insgesamt 191 PJ/a (5,3 Mrd. m^3/a) verfügbaren Kapazitäten befindet sich in Europa. Besonders dynamisch entwickelt sich derzeit der Ausbau in Frankreich. Zu berücksichtigen ist, dass in den genannten Statistiken Anlagen in China nicht enthalten sind, obwohl das Land als einer der wichtigsten Wachstumsmärkte gilt [206–209].

B.2 Produktion

Im Jahr 2023 verringerte sich die globale Produktion von Bioethanol im Vergleich zum Vorjahr geringfügig und erreichte insgesamt rund 2 667 PJ (127 Mio. m^3). Von dieser Menge wurden etwa 2 331 PJ (111 Mio. m^3) als Kraftstoff eingesetzt (einschließlich der Verwendung in Ethyl-tert-butylether (ETBE)). Weitere rund 336 PJ (16 Mio. m^3) entfielen auf Industriealkohol, der für stoffliche Anwendungen eingesetzt wurde. Die größten Produktions- und auch Absatzmärkte weltweit sind die USA und Brasilien (Abb. B.2). Daneben gewinnen China und Indien zunehmend an Bedeutung. In Europa zählen insbesondere Frankreich und Deutschland zu den wichtigsten Produzenten [201].

Die weltweite Herstellung von Biodiesel (FAME) stieg im Jahr 2023 im Vergleich zum Vorjahr um etwa 6 % auf eine Produktionsmenge von rund 1 924 PJ (52 Mio. t). Damit wurde wieder das Produktionsniveau des Jahres 2019 erreicht (d. h. vor den Auswirkungen der Corona-Pandemie). Gleichzeitig hat sich die geografische Verteilung der Produktion deutlich verändert. Während bis etwa 2020 eine vergleichsweise gleichmäßige Verteilung über verschiedene Kontinente bestand, konzentriert sich inzwischen ein wachsender Anteil der Biodiesel-Produktion auf Asien. Zu den wichtigsten Herstellern zählen zusätzlich Indonesien, Brasilien und die USA sowie in Europa insbesondere Deutschland [201].

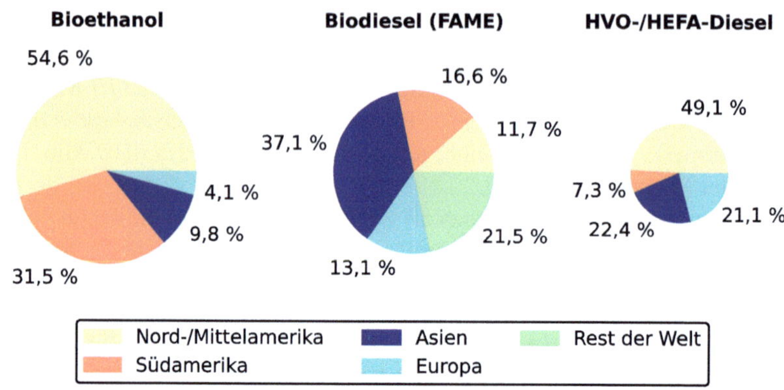

Abb. B.2 Weltweite Produktionsmengen von Bioethanol-Kraftstoff, Biodiesel (FAME) und HVO-/HEFA-Diesel (Kreisflächen entsprechend der Produktionsmengen skaliert, eigene Berechnung auf Basis von [202]).

Im Gegensatz zu Bioethanol und Biodiesel (FAME) verzeichnete die Produktion von HVO-/HEFA-Diesel in den letzten Jahren ein besonders starkes Wachstum. Im Jahr 2023 belief sich die weltweite Produktionsmenge auf rund 695 PJ (15,8 Mio. t). Dies stellt einen Anstieg von etwa 31 % gegenüber dem Vorjahr dar. Zu den wichtigsten Produktionsstandorten zählen die USA, die Niederlande, Singapur, Finnland und Italien [201].

B.3 Internationaler Handel

Erneuerbare Kraftstoffe werden weltweit gehandelt und sind ein integraler Teil der internationalen Energiemärkte. Die Politik und Regulierung eines bestimmten Landes bestimmt (mit), ob es diese Kraftstoffe importiert oder exportiert werden. Auch innerhalb einzelner Staaten erfolgt ein intensiver Handel von Kraftstoffen. Das gilt besonders für Länder, die selbst erneuerbare Kraftstoffe produzieren, gleichzeitig ambitionierte Klimaziele verfolgen und den Einsatz bestimmter Rohstoffe regulieren.

Der Großteil der Importe nach Europa und Exporte aus Europa wird über die Seehäfen Rotterdam und Antwerpen abgewickelt. Beide sind Umschlagplätze für erneuerbare Kraftstoffe, von denen aus sie innerhalb der EU weiterverteilt werden. Die Niederlande und Belgien erscheinen deshalb häufig in den Statistiken als Exportländer, obwohl sie nicht zwingend die Produktionsstandorte der jeweils importierten Kraftstoffe sind.

Weltweit wurden 2023 etwa 400 PJ Bioethanol exportiert; das sind rund 14 % der globalen Produktionsmenge. Der Großteil des Ethanols wird entsprechend im jeweiligen Erzeugerland vermarktet und genutzt. Das internationale Handelsvolumen hat sich in den letzten zehn Jahren dennoch fast verdoppelt. Die USA und Brasilien sind dabei die derzeit wichtigsten Exportländer; zusammen sind sie für mehr als die Hälfte des weltweiten Bioethanolhandels verantwortlich. Kanada, Japan, Deutschland und das Vereinigte Königreich zählen zu den bedeutendsten Importländern. Die Niederlande sind sowohl Import- als auch Exportland. Deutschland exportierte 2023 rund 9 PJ Bioethanol (die wichtigsten Absatzmärkte lagen innerhalb der EU-27) und importierte etwa 33 PJ, überwiegend aus den Niederlanden (49 %), Belgien (12 %) und Ungarn (10 %).

Der internationale Handel mit Biodiesel (FAME) ist deutlich ausgeprägter als der Handel mit Bioethanol. Im Jahr 2023 wurden weltweit rund 800 PJ exportiert; das sind rund 42 % der globalen Produktion. Rund 58 % der hergestellten Mengen verbleiben im jeweiligen Binnenmarkt. Die wichtigsten Exportländer sind die Niederlande, Belgien, Deutschland, Spanien und China. Zusammen sind sie für etwa 74 % des weltweiten Biodieselhandels verantwortlich. Schwankungen in den Handelsströmen lassen sich häufig auf regulatorische Eingriffe zurückführen (z. B. Antidumpingzölle, Anpassungen im Zusammenhang der RED II / III). Neben den bereits genannten Exportnationen zählen auch Frankreich und die USA zu den wichtigsten Importländern für Biodiesel (FAME). Deutschland exportierte im gleichen Zeitraum etwa 110 PJ Biodiesel (FAME) (die wichtigsten Abnehmer lagen dabei in der EU-27) und importierte gleichzeitigetwa 60 PJ Biodiesel (FAME) (hauptsächlich aus den Niederlanden und Belgien). Wie beim Bioethanol treten die Niederlande und Belgien aufgrund ihrer Hafeninfrastruktur sowohl als Import- als auch als Exportländer in Erscheinung [201].

Im Vergleich zu Bioethanol und Biodiesel ist der internationale Handel mit HVO-/HEFA -Diesel aufgrund der bislang begrenzten Anzahl an Produktionsstandorten deutlich geringer. Die wichtigsten Handelsbeziehungen bestehen zwischen Singapur, USA, Kanada, EU-27 und China. Im Jahr 2023 traten Singapur und China ausschließlich als Exportländer auf, während Kanada ausschließlich importierte. Ein Beispiel hierfür ist das Unternehmen Neste, das nahezu die gesamte Produktion seiner Anlage in Singapur in die USA exportiert. Weltweit wurden im Jahr 2023 etwa 90 PJ HVO-/HEFA-Diesel gehandelt. Insgesamt entspricht das Exportvolumen rund 13 % der weltweiten Produktion. Für die EU-27 zeigt sich eine weitgehend ausgeglichene Handelsbilanz auf vergleichsweise niedrigem Niveau: Die Importe entsprechen etwa 4 % der europäischen HVO-/HEFA-Produktion, während etwa 9 % exportiert werden. Daraus lässt sich ableiten, dass der in der EU-27 hergestellte HVO-/HEFA-Diesel größtenteils innerhalb der EU verwendet wird [201].

Anhang C
Regenerative Energien in der Europäischen Union

Alina Bendlin, Eric Nitschke, Martin Kaltschmitt

In der Europäischen Union (EU) gewinnen die Bestrebungen zur Steigerung des Anteils erneuerbarer Energien zunehmend an Momentum. Im Stromsektor sehen die EU-Rahmenvorgaben vor, dass die Mitgliedsstaaten bis zum Jahr 2030 mindestens 42,5 % ihres Energieverbrauchs aus erneuerbaren Quellen decken müssen. Im Wärmebereich wurde eine Richtzielvorgabe definiert, wonach der Anteil erneuerbarer Energien am Endenergieverbrauch in der Wärme- und Kälteerzeugung bis zum Jahr 2030 mindestens 49 % betragen soll. Zudem wurde ein durchschnittlicher jährlicher Mindestanstieg der Nutzung erneuerbarer Energien festgelegt, der bis 2026 bei 0,8 % und im Zeitraum von 2026 bis 2030 bei 1,1 % liegen soll. Für den Verkehrssektor besteht für die Mitgliedsstaaten die Möglichkeit, zwischen zwei alternativen Zielvorgaben zu wählen: Entweder ein verbindliches Ziel zur Verringerung der Treibhausgasintensität im Verkehrssektor um 14,5 % durch den Einsatz erneuerbarer Energien bis zum Jahr 2030 oder alternativ einen Mindestanteil von 29 % erneuerbarer Energien am Endenergieverbrauch im Verkehr bis 2030 zu erreichen [53]. Jeder Mitgliedstaat ist verpflichtet, die vorgegebenen Zielwerte bis zum Jahr 2030 zu erfüllen; d. h. jeder Mitgliedsstaat muss entsprechende Maßnahmen implementieren, die zu einer Erhöhung des Anteils erneuerbarer Energien in den jeweiligen Sektoren beitragen.

Derzeit beträgt der durchschnittliche Anteil erneuerbarer Energien in der EU 44,6 % im Stromsektor; dies entspricht einer elektrischen Arbeit von 1 114 TWh [210]. Im Wärmebereich liegt der Beitrag regenerativer Energien bei 26,7 % [211] bzw. bei 1 298 TWh [212]. Im Verkehrssektor wird ein Anteil von 7,9 % bei einem Energieverbrauch von 247 TWh ausgewiesen [213]. Diese Werte stellen den EU-weiten Durchschnitt dar. Jedoch variieren die Anteile in den einzelnen Mitgliedsstaaten deutlich.

Hinsichtlich der gesamten erneuerbaren Energien in der Stromproduktion, Wärmebereitstellung und dem Einsatz im Verkehrssektor (Abb. C.1) weist Deutschland mit rund 494 TWh / 1 777 PJ den höchsten Wert unter den betrachteten EU-Mitgliedsstaaten auf, gefolgt von Frankreich (382 TWh / 1 374 PJ), Schweden (245 TWh / 882 PJ), Italien mit (243 TWh / 875 PJ) und Spanien (237 TWh / 855 PJ). Im unteren Bereich finden sich Luxemburg (4,7 TWh / 17 PJ), Estland (15,6 TWh /

56 PJ) sowie Kroatien (22 TWh / 79 PJ) als die Länder mit den geringsten Gesamt-
werten erneuerbarer Energien in den betrachteten Sektoren. Die absolute Höhe der
Nutzung des erneuerbaren Energieangebots in einem bestimmten Land ist dabei außer von den natürlichen Gegebenheiten und der jeweiligen Setzung der gesetzlichen
Vorgaben auch von der Bevölkerungsanzahl, dem Industrialisierungsgrad und der
daraus resultierenden Energienachfrage in den einzelnen Ländern abhängig.

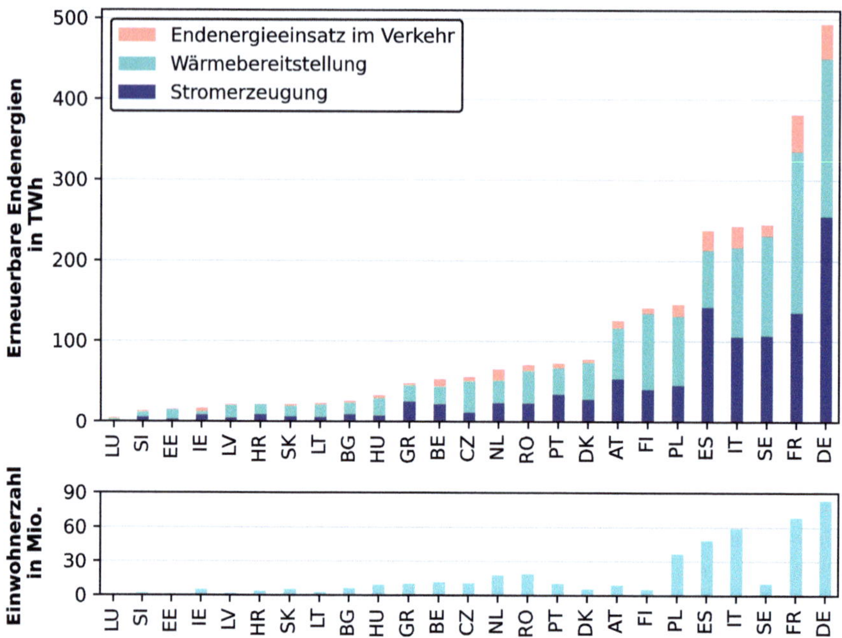

Abb. C.1 Erneuerbarer Endenergien in der Stromproduktion, der Wärmebereitstellung und dem
Einsatz im Verkehr der EU-Mitgliedsstaaten (ausgenommen Malta und Zypern) im Jahr 2024
[210, 212–214]

Vor diesem Hintergrund befasst sich dieses Kapitel mit der Erzeugung und Nutzung von Strom, Wärme sowie Kraftstoffen aus erneuerbaren Energien innerhalb
der EU. Im Fokus stehen dabei die jeweils relevantesten Einzeltechnologien der drei
Sektoren, die anhand statistischer Daten analysiert werden. Zudem wird die jeweilige
Nutzung dieser Technologien in den EU-Mitgliedsstaaten vergleichend analysiert,
um die Stellung Deutschlands im europäischen Kontext besser einordnen zu können.
Die Inselstaaten Malta und Zypern werden aufgrund ihrer geografischen Lage, der
begrenzten Größe ihres Energiemarktes sowie der teilweise fehlenden oder nur eingeschränkt verfügbaren Daten nicht in die vergleichende Analyse einbezogen. Die in
diesem Kapitel angegebenen Zahlen entstammen EU-weit erhobenen Daten und können – für das gleiche Jahr – aufgrund unterschiedlicher statistischer Abgrenzungen
geringfügige Abweichungen im Vergleich zu den nationalen Werten aufweisen.

C.1 Stromerzeugung

Die Energiepolitik der Europäischen Union (EU) sieht vor, dass die Mitgliedsstaaten bis zum Jahr 2030 mindestens 42,5 % ihres Energieverbrauchs aus erneuerbaren Quellen decken müssen [53]. Dabei variieren gegenwärtig die Anteile erneuerbarer Energien an der Stromversorgung innerhalb der EU noch erheblich. Sie lagen im Jahr 2024 zwischen 17,2 % und 84,6 % [210].

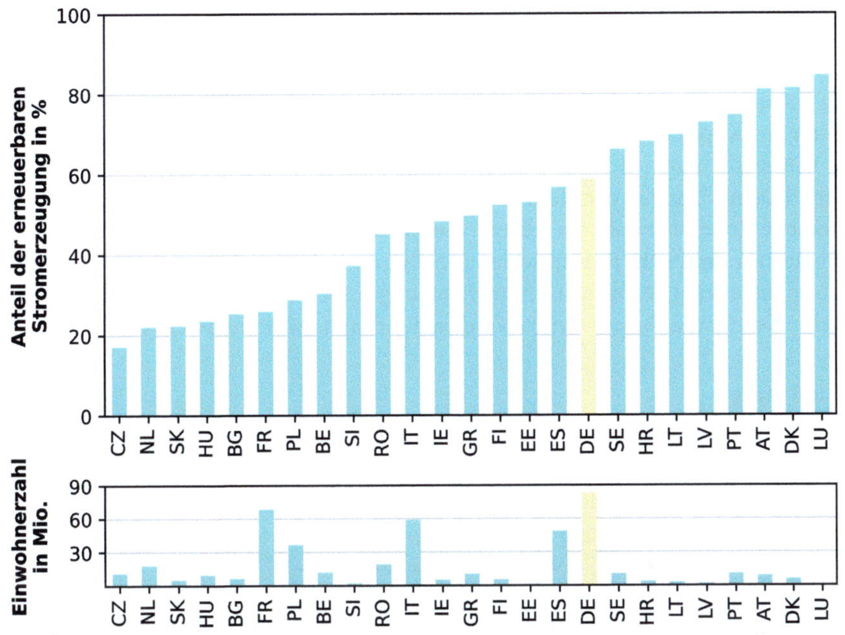

Abb. C.2 Anteil erneuerbarer Energien an der Stromproduktion und Bevölkerungszahl der EU-Mitgliedsstaaten (ausgenommen Malta und Zypern) im Jahr 2024 [210, 214].

Im Jahr 2024 wurden in der EU insgesamt 1 113,7 TWh Strom aus erneuerbaren Energien erzeugt. Davon wurden 254,9 TWh in Deutschland produziert; dies entspricht einem Anteil von 23 % an der gesamten Bruttostromerzeugung in der EU. Damit nimmt Deutschland hinsichtlich der gesamten Stromerzeugung aus erneuerbaren Energien eine führende Position ein, gefolgt von Spanien (142,2 TWh) und Frankreich (135,6 TWh). [210]

Deutschland ist mit etwa 83,5 Millionen Einwohnerinnen und Einwohnern [214] das bevölkerungsreichste Land in der EU (Abb. C.2); dies spiegelt sich in einer insgesamt hohen Bruttostromerzeugungsleistung wider. Betrachtet man jedoch die Anteile erneuerbarer Energien an der Stromerzeugung (Abb. C.2), erreicht Luxemburg mit 84,6 % den höchsten Wert innerhalb der EU. Weitere Länder mit hohen Anteilen im Strommix sind Dänemark (81,5 %) und Österreich (74,7 %). Im unteren

Bereich der Skala befinden sich Länder wie die Tschechische Republik mit einem Anteil von 17,2 %, die Niederlande mit 22,1 % sowie die Slowakei mit 22,4 % erneuerbaren Energien im Stromerzeugungsmix. Deutschland liegt mit einem Anteil von 58,9 % über dem EU-Durchschnitt von 44,6 %.

Im weiteren Verlauf werden die wichtigsten Technologien der erneuerbaren Stromerzeugung detaillierter betrachtet. Dabei liegt der Fokus auf der Windenergie, die mit einem Anteil von 41,6 % den größten Beitrag zur Stromerzeugung aus erneuerbaren Energien in der EU leistet, sowie auf der Wasserkraft (29,6 %), der Solarenergie (primär photovoltaische Systeme) (21,3 %) und Biomasse (6,6 %). Diese unterschiedlichen Stromerzeugungsoptionen haben im Jahr 2024 zusammengenommen den überwiegenden Teil der Stromerzeugung aus erneuerbaren Energien in der EU beigetragen [210]. Bei den folgenden Ausführungen werden sowohl die absoluten Bruttostromerzeugungswerte der zehn führenden EU-Mitgliedsstaaten als auch deren Pro-Kopf-Erzeugung dargestellt und analysiert.

Hinsichtlich der absoluten Bruttostromerzeugung aus erneuerbaren Energien nimmt Deutschland in den Bereichen Windenergie, Solarenergie und Biomasse eine führende Rolle innerhalb der EU ein. Aufgrund der im EU-Vergleich hohen absoluten Bevölkerungszahl in Deutschland relativiert sich diese Position bei der auf die Einwohneranzahl bezogenen Stromerzeugung jedoch stark, sodass Deutschland bei dieser Kenngröße im EU-weiten Vergleich meist im Mittelfeld liegt [210].

Windenergie

Windenergie trägt mit einem Anteil von 41,6 % maßgeblich zur Stromerzeugung aus erneuerbaren Energien in der EU bei und erzielte im Jahr 2024 eine Bruttostromerzeugung von insgesamt 463,3 TWh [210]. Im EU-Vergleich weist Deutschland bei einer Bruttostromerzeugung aus Windenergie von 137,5 TWh (2024) die höchste absolute Produktion auf, gefolgt von Spanien mit 59,0 TWh und Frankreich mit 45,9 TWh (Abb. C.3). Betrachtet man die Windstromerzeugung relativ zur Bevölkerungsanzahl, führt Schweden mit 3,8 MWh, gefolgt von Finnland mit 3,5 MWh und Dänemark mit 3,4 MWh pro Kopf. Deutschland liegt mit 1,6 MWh pro Person deutlich darunter [210, 214].

Die hohen absoluten Produktionsmengen an Windenergie in Deutschland sind das Ergebnis u. a. umfangreicher Investitionen in den vergangenen Jahren und einer seit Jahren gewährten politischen Unterstützung. Länder mit Küstenzugang, wie Deutschland und Dänemark, verfügen darüber hinaus über einen Standortvorteil im Vergleich zu den EU-Binnenländern durch die Option einer Offshore-Windenergienutzung, die – im Unterschied zu einer Onshore-Nutzung – meist durch bessere Windverhältnisse und größere Flächenverfügbarkeiten gekennzeichnet ist. Im Jahr 20204 betrug der Anteil der Offshore-Windenergie an der gesamten EU-Windstromerzeugung etwa 13 % [210].

Schweden, Finnland und Dänemark nehmen aufgrund ihrer vergleichsweise geringeren Bevölkerungsdichte sowie der Verfügbarkeit geeigneter Flächen mit günstigen Windbedingungen eine führende Position in der Pro-Kopf-Erzeugung aus Windenergie ein. Dabei hat Dänemark eine weltweit führende Rolle im Bereich der

Offshore-Windenergienutzung, da es bereits sehr frühzeitig konsequent umfangreiche Offshore-Windparkprojekte realisiert hat [215].

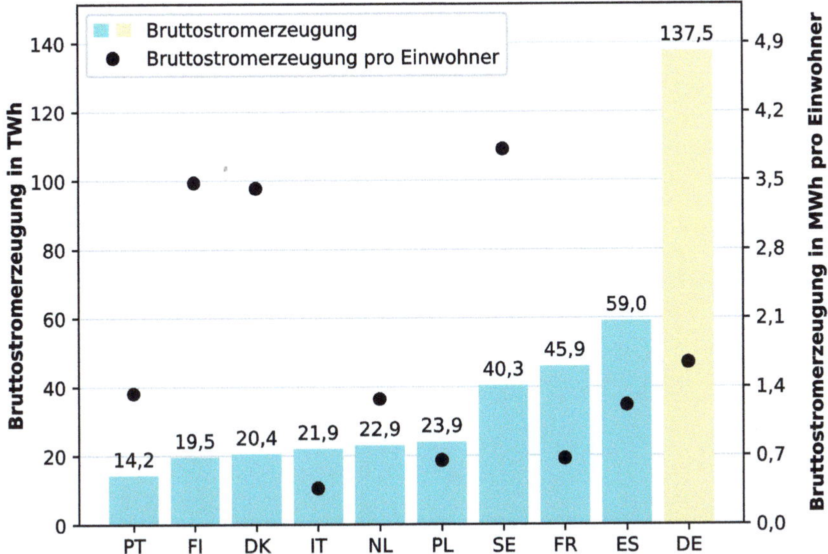

Abb. C.3 Bruttostromerzeugung durch Windenergie in den zehn produktionsstärksten EU-Mitgliedsstaaten (ausgenommen Malta und Zypern) im Jahr 2024 [210, 214].

Solarenergie

Solarenergie steuerte rund 21,3 % zum Beitrag der Stromerzeugung aus erneuerbaren Energien in der EU bei und erreichte im Jahr 2024 eine Gesamtbruttoerzeugung von 237,6 TWh [210]. Deutschland verzeichnete im Jahr 2024 mit 63,2 TWh die größte Stromerzeugung aus Solarenergie (Photovoltaik), gefolgt von Spanien mit 47,3 TWh sowie Italien mit 27,7 TWh (Abb. C.4). Hinsichtlich der Pro-Kopf-Erzeugung aus Solarenergie liegen Griechenland mit 1,1 MWh pro Person an der Spitze der EU, gefolgt von Spanien mit 0,97 MWh und Belgien mit 0,76 MWh. Deutschland folgt kurz darauf mit 0,76 MWh pro Kopf [210, 214].

Die unterschiedlichen Produktionsmengen und Pro-Kopf-Werte der Solarenergie in den genannten Ländern sind auf mehrere Faktoren zurückzuführen. Dass Deutschland trotz im EU-Vergleich relativ geringerer Sonneneinstrahlung die höchste Gesamtproduktion aufweist, liegt u. a. an den hierzulande gültigen gesetzlichen Rahmenbedingungen. Im Gegensatz dazu profitieren Spanien und Italien von ihrer geografischen Lage mit einer im Vergleich zu Deutschland intensiveren Sonneneinstrahlung, die eine effektivere und damit letztlich auch kostengünstigere Stromerzeugung durch Solarenergie ermöglicht; zusätzlich wurden auch staatliche Steuerungsmaßnahmen implementiert, um die weitergehende Nutzung der photovoltaischen

Stromerzeugung zu unterstützen. Griechenland liegt bei der Pro-Kopf-Produktion vorne, was u. a. auf eine Kombination aus hoher Sonneneinstrahlung und relativ kleiner Bevölkerung zurückzuführen ist; dadurch fällt die Einwohner-bezogene Solarleistung anteilig höher aus. Länder mit geringerer Pro-Kopf-Erzeugung wie Deutschland und Belgien verfügen hingegen über eine höhere absolute Bevölkerung und ein ungünstigeres solares Strahlungsangebot bzw. weniger effizienten staatlichen Steuerungsmaßnahmen. Insgesamt zeigen diese Unterschiede, dass neben der natürlichen Sonneneinstrahlung u. a. auch politische Rahmensetzungen und Strommarkt-spezifische Faktoren entscheidend für das Niveau der Solarstromproduktion sind.

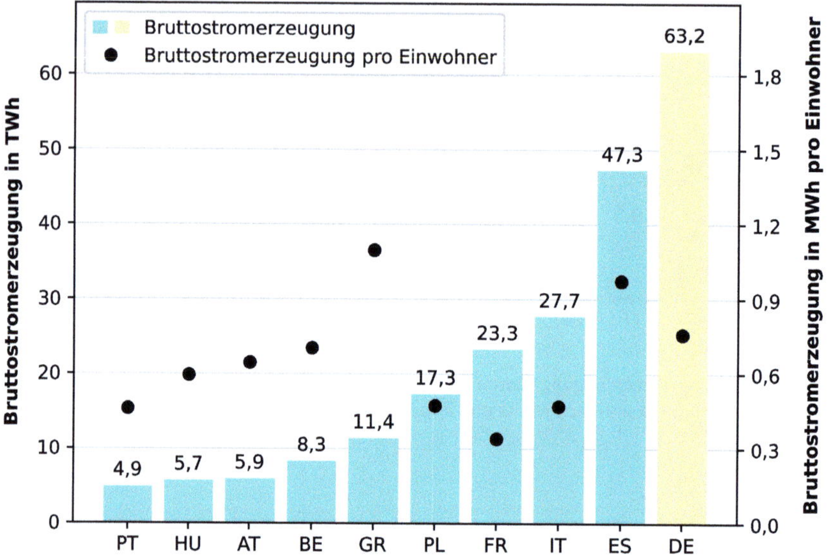

Abb. C.4 Bruttostromerzeugung durch Solarenergie (photovoltaische Systeme) in den zehn produktionsstärksten EU-Mitgliedsstaaten (ausgenommen Malta und Zypern) im Jahr 2024 [210, 214].

Biomasse

Die Biomasse trägt mit einem Anteil von etwa 6,6 % zur Stromerzeugung aus erneuerbaren Energien bei. Die gesamte Bruttostromproduktion aus Biomasse belief sich im Jahr 2024 absolut auf rund 73,3 TWh in der EU[210]. Bei der Stromerzeugung aus Biomasse zeigen die absoluten Produktionsmengen innerhalb der EU eine Konzentration auf wenige Mitgliedsstaaten. Deutschland weist mit 36,2 TWh die höchste Erzeugung auf, gefolgt von Finnland mit 6,3 TWh und Italien mit 5,2 TWh (Abb. C.5). Auf Pro-Kopf-Basis liegt Finnland mit 1,12 MWh an der Spitze der EU-Mitgliedsstaaten, gefolgt von Dänemark (0,67 MWh) und Luxemburg (0,45 MWh). Die relative Stromproduktion pro Person liegt in Deutschland bei 0,43 MWh [210, 214].

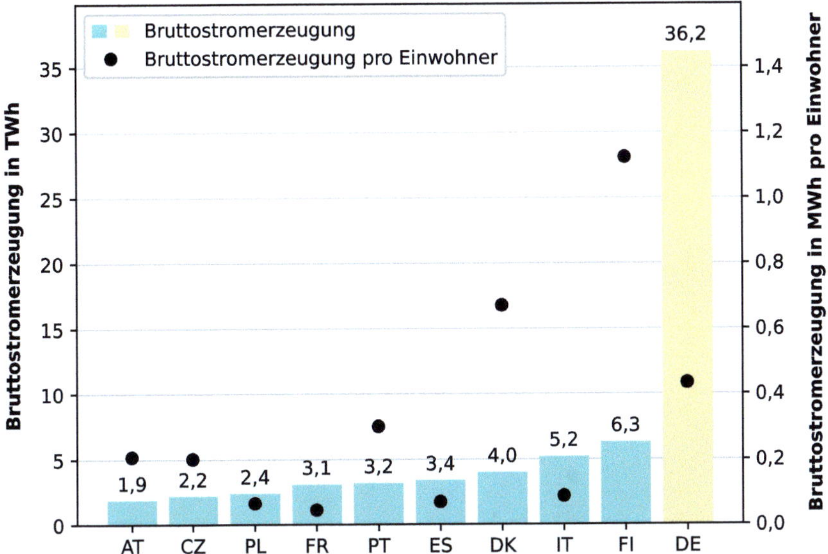

Abb. C.5 Bruttostromerzeugung durch Biomasse in den zehn produktionsstärksten EU-Mitglieds-staaten (ausgenommen Malta und Zypern) im Jahr 2024 [210, 214].

Die ungleiche Verteilung der Stromproduktion aus Biomasse in Europa ist durch verschiedenartige Faktoren erklärbar. Deutschland führt die absoluten Produkti-onsmengen an; dies ist auf eine gut ausgebaute Biomasse-Konversionsanlagen-Infrastruktur infolge einer (ehemals) gezielten und komfortablen Fördersituation zurückzuführen. Die relativ geringere Pro-Kopf-Erzeugung in Deutschland trotz einer hohen absoluten Erzeugung lässt sich durch die große Bevölkerungszahl erklä-ren. Demgegenüber zeigt Finnland die höchste Pro-Kopf-Produktion; dies liegt in der großen Verfügbarkeit von Waldressourcen in Kombination mit einer vergleichswei-se kleinen Bevölkerung begründet. Damit wird die Stromerzeugung aus Biomasse sowohl durch die (kostengünstige) Ressourcenverfügbarkeit als auch die Setzung der politischen Rahmenvorgaben maßgeblich mitbestimmt.

Wasserkraft

Die Wasserkraft ist mit einem Anteil von etwa 29,6 % nach wie vor ein wesent-licher Bestandteil der Stromerzeugung aus erneuerbaren Energien innerhalb der EU. Im Jahr 2024 wurde insgesamt eine Bruttostromerzeugung von 329,6 TWh aus Wasserkraft realisiert [210]. Im Bereich der Stromerzeugung aus Wasserkraft zäh-len Schweden (64,8 TWh), Frankreich (63,3 TWh) und Italien (46,1 TWh) zu den EU-Mitgliedsstaaten mit der absolut höchsten Erzeugung (Abb. C.6). Deutschland nimmt mit einer Stromproduktion aus Wasserkraft von 17,2 TWh den sechsten Rang innerhalb der EU ein. Bezogen auf die Pro-Kopf-Erzeugung aus Wasserkraft führt

Schweden mit 6,1 MWh pro Person, gefolgt von Österreich mit 4,0 MWh und Finnland mit 2,4 MWh. In Deutschland liegt der Wert bei lediglich 0,2 MWh [210, 214].

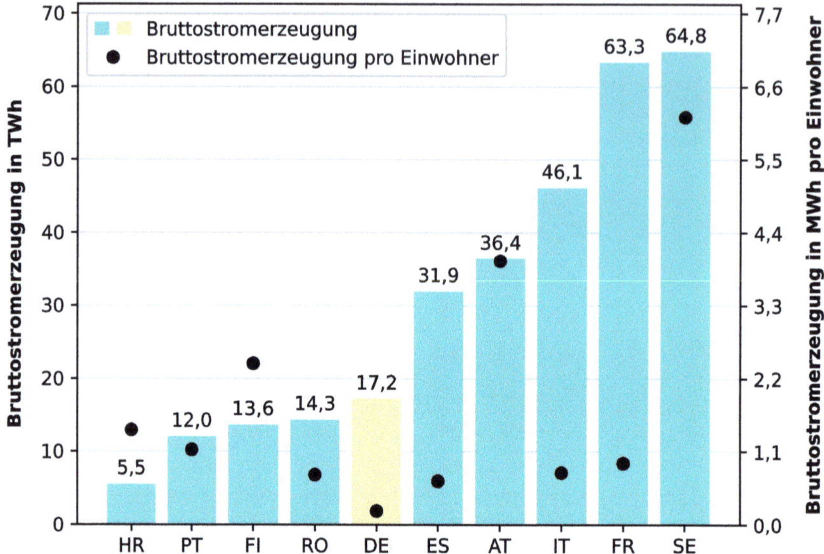

Abb. C.6 Bruttostromerzeugung durch Wasserkraft in den zehn produktionsstärksten EU-Mitgliedsstaaten (ausgenommen Malta und Zypern) im Jahr 2024 [210, 214].

Die Möglichkeiten einer Produktion von Strom aus Wasserkraft werden primär durch die jeweiligen geografischen Gegebenheiten beeinflusst. Schweden, Frankreich, Italien und Österreich zählen zu den führenden Ländern aufgrund ihrer zahlreich vorhandenen Gebirgsregionen, die ideale Voraussetzungen für eine Nutzung der Wasserkraft bieten.

C.2 Wärmebereitstellung

Für den Wärmesektor wurde im Rahmen der Klimaschutz- und Energiepolitik der Europäischen Union (EU) das Ziel festgelegt, den Anteil erneuerbarer Energien am Endenergieverbrauch in der Wärme- und Kälteversorgung bis zum Jahr 2030 auf mindestens 49 % zu erhöhen. Darüber hinaus ist ein durchschnittlicher jährlicher Mindestzuwachs der Nutzung erneuerbarer Energien festgelegt: Dieser soll im Zeitraum bis 2026 bei 0,8 % pro Jahr liegen und sich im Anschluss von 2026 bis 2030 auf 1,1 % pro Jahr erhöhen [53].

Im Jahr 2024 wurden in der EU 1 298 TWh / 4 672 PJ an Wärme- und Kälte aus erneuerbaren Energien genutzt [212]. Dies entspricht einem Anteil von 26,7 % am

gesamten Endenergieverbrauch im Bereich der Wärme- und Kältenutzung [211].
Dabei trugen die beiden bevölkerungsstärksten Länder Deutschland und Frankreich
mit 196 TWh / 705 PJ bzw. 200 TWh / 720 PJ sowie Schweden mit 124 TWh / 446 PJ
maßgeblich zur Nutzung von Wärme und Kälte aus erneuerbaren Energien innerhalb
der EU bei [212].

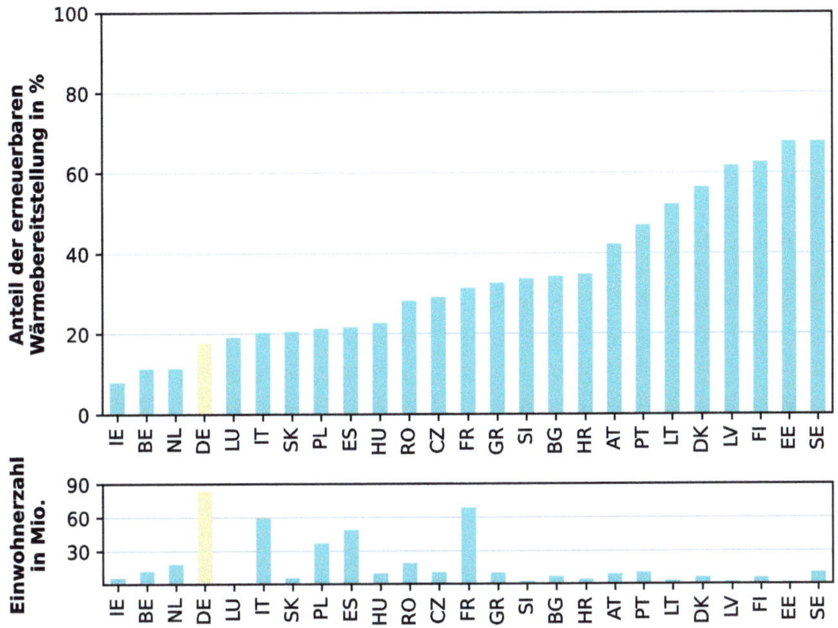

Abb. C.7 Anteil erneuerbarer Energien an der Gesamtwärmebereitstellung (einschließlich Küh-
lenergie) und Bevölkerungszahl der EU-Mitgliedsstaaten (ausgenommen Malta und Zypern) im
Jahr 2024 [211, 214].

Die Anteile der Nutzung von Wärme und Kälte aus regenerativen Energien zeig-
ten EU-weit im Jahr 2024 große Unterschiede zwischen den EU-Mitgliedsstaaten
(Abb. C.7). Der durchschnittliche Anteil von erneuerbaren Energien an der gesamten
Wärmebereitstellung in der EU lag bei 26,7 %. Die höchsten Anteile verzeichneten
Schweden und Estland mit jeweils 67,8 % sowie Finnland mit 62,6 %. Den geringsten Anteil an Wärme aus erneuerbaren Energien wiesen Irland (7,9 %), Belgien und
die Niederlande (jeweils 11,3 %) auf. Deutschland lag mit einem Anteil von 17,7 %
deutlich unterhalb des EU-Durchschnitts [211, 214].

Die hohen Anteile erneuerbarer Energien im Wärmesektor in nordeuropäischen
und baltischen Ländern lassen sich durch ein Zusammenspiel infrastruktureller Voraussetzungen, klimatischer Bedingungen, Ressourcenverfügbarkeit und unterstüt-
zender Energiepolitik erklären. Ein wesentlicher Einflussfaktor ist die in einiger
diesen Regionen weit verbreitete Nutzung von Nah- bzw. Fernwärmesystemen. Die-

se ermöglichen aufgrund ihrer zentralisierten Struktur eine vergleichsweise einfache Integration erneuerbarer Optionen zur Wärmebereitstellung wie beispielsweise Biomasse, Abwärme, Geothermie sowie großskalige Wärmepumpen. In Ländern wie Schweden, Dänemark oder Estland weisen die vorhandenen Fernwärmenetze zudem hohe Anschlussquoten auf und bilden hier einen zentralen Bestandteil der lokalen Wärmeversorgung [216]. Darüber hinaus begünstigen die lokalen Gegebenheiten den Einsatz erneuerbarer Energien. Die niedrigen Außentemperaturen führen zu einer hohen Wärmenachfrage; dadurch können sich Investitionen in effiziente Wärmeverteilsysteme wirtschaftlich eher rentieren. Gleichzeitig verfügen viele dieser Länder über umfangreiche natürliche Ressourcen, insbesondere Biomasse aus nachhaltiger Forstwirtschaft, die eine bedeutende Rolle in der Wärmebereitstellung spielt. Neben dem Einsatz von Biomasse ist in den nordeuropäischen und baltischen Ländern die Nutzung von Umweltwärme, die über Wärmepumpen nutzbar gemacht wird, weit verbreitet. Hierbei kommen sowohl dezentrale, kleinmaßstäbliche Systeme als auch großskalige Anlagen zum Einsatz, die teilweise maßgeblich zur Wärmebereitstellung beitragen [216].

Im Folgenden werden zentrale Technologien zur Bereitstellung von Wärme aus regenerativen Energien näher betrachtet. Dabei erfolgt ein vergleichender Überblick über die Wärmeenergiemenge aus fester Biomasse sowie aus Umgebungswärme. Ergänzend wird die installierte Kollektorfläche solarthermischer Systeme dargestellt. Für alle drei Optionen werden jeweils die zehn EU-Mitgliedsstaaten mit den höchsten absoluten Werten sowie diejenigen mit den höchsten Pro-Kopf-Werten dargestellt und analysiert.

Feste Biomasse

In den Mitgliedsstaaten der EU wurden im Jahr 2024 insgesamt 899 TWh / 3 238 PJ an Wärmeenergie aus fester Biomasse genutzt [217]. Mit einem Anteil von 69,3 % macht sie den größten Anteil an der Wärmebereitstellung aus erneuerbaren Energien in der EU aus [212, 217]. Die höchste absolute Nutzung verzeichnen Deutschland (121,8 TWh / 438,3 PJ), Frankreich (107,4 TWh / 386,5 PJ) und Schweden (93,0 TWh / 334,9 PJ) (Abb. C.8). Die höchste Pro-Kopf-Nutzung zeigen Finnland (14,22 MWh), Schweden (8,82 MWh) und Lettland (8,46 MWh). Deutschland liegt mit 1,46 MWh pro Person deutlich darunter [214, 217].

Ein wesentlicher Aspekt für die hohe relative Nutzung fester Biomasse ist die Verfügbarkeit von biogenen Ressourcen; dies gilt insbesondere für die waldreichen Regionen Nordeuropas und des Baltikums, in denen Holz und forstwirtschaftliche Nebenprodukte in einem großen Umfang für die Wärmebereitstellung genutzt werden. Darüber hinaus begünstigt die in diesen Ländern teilweise verbreitete Fernwärmeinfrastruktur den Einsatz von Biomasse in zentralen Anlagen.

Obwohl feste Biomasse die dominierende erneuerbare Energie im Wärmesektor darstellt und die bereitgestellte Wärmeenergie absolut ansteigt, ist ihr relativer Anteil rückläufig. Dies ist auf das Wachstum anderer Technologien zur Deckung der Wärmenachfrage wie u. a. Wärmepumpen zurückzuführen [216].

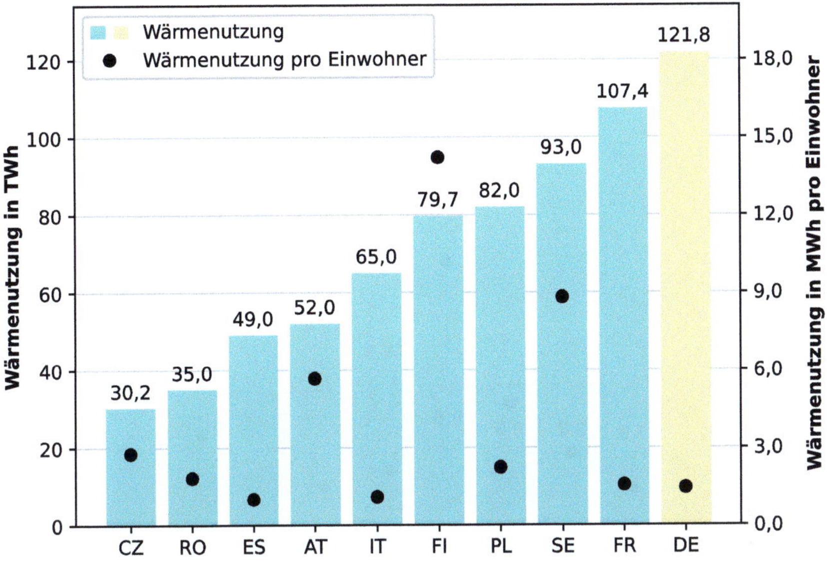

Abb. C.8 Wärmenutzung aus fester Biomasse in den zehn nutzungsstärksten EU-Mitgliedsstaaten (ausgenommen Malta und Zypern) im Jahr 2024 [214, 217].

Umgebungswärme

Im Jahr 2024 betrug die gesamte Wärmeenergieerzeugung aus Umgebungswärme in der EU 222 TWh / 800 PJ. Dies entspricht einem Anteil von 17,1 % an der gesamten Wärmebereitstellung aus erneuerbaren Energien in der EU [212, 218]. Die stärkste absolute Nutzung erfolgte dabei in Frankreich (51,9 TWh / 186,8 PJ), Italien (34,0 TWh / 122,5 PJ) und Schweden (21,8 TWh / 78,4 PJ) (Abb. C.9). Die größte Pro-Kopf-Nutzung erfolgte in Schweden (2,1 MWh), Finnland (1,7 MWh) und Estland (1,2 MWh). In Deutschland lag sie bei lediglich 0,24 MWh pro Person [214, 218].

Die hohe Verbreitung von Wärmepumpen und die intensive Nutzung von Umweltwärme in den genannten Ländern ist unter anderem auf das gut ausgebaute Fernwärmenetz in den nordeuropäischen und baltischen Ländern zurückzuführen. Dieses ermöglicht den Einsatz großtechnischer Wärmepumpen, die Umwelt- und Abwärme effizient in die Wärmeversorgung integrieren. Darüber hinaus begünstigt ein zunehmender Anteil erneuerbarer Energien im Stromsektor durch die Elektrifizierung der Wärmeversorgung den Anstieg des Anteils erneuerbarer Energien im Wärmesektor [216].

Die Bedeutung der Umweltwärme ist in den letzten Jahren deutlich gestiegen: Die dazugehörige jährlich erzeugte Wärmeenergie hat sich seit 2015 von 73 TWh auf inzwischen 222 TWh verdreifacht. Wärmepumpen zählen zu den am schnellsten wachsenden Technologien in der Wärmebereitstellung und nehmen immer mehr eine zentrale Rolle bei der Defossilisierung des Wärmesektors ein [216, 218].

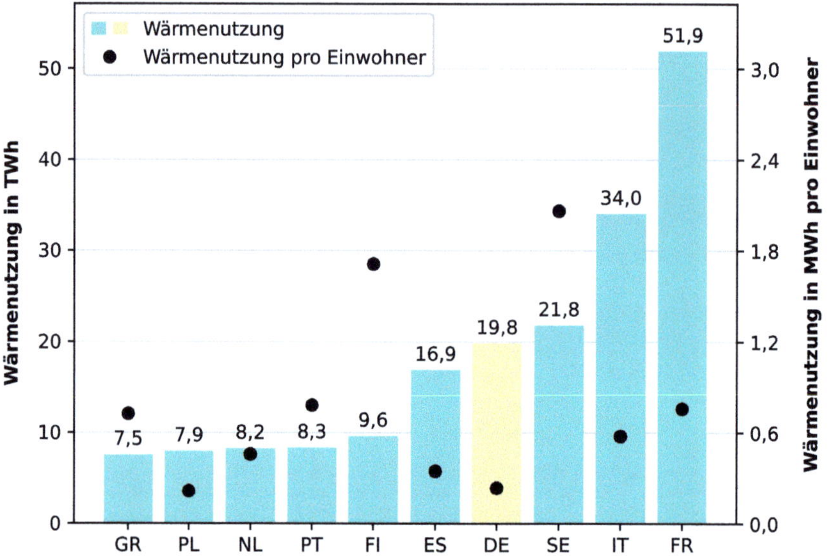

Abb. C.9 Wärmenutzung aus Umweltwärme in den zehn nutzungsstärksten EU-Mitgliedsstaaten (ausgenommen Malta und Zypern) im Jahr 2024 [214, 218].

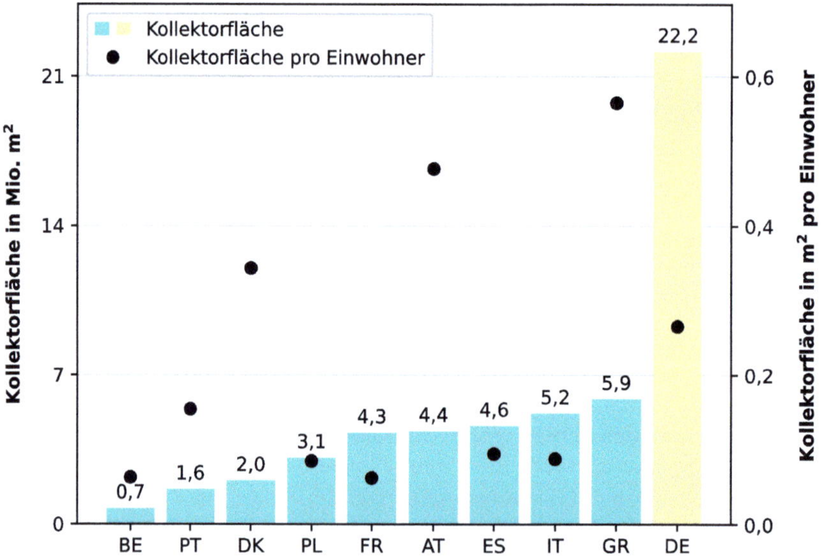

Abb. C.10 Solarthermie Kollektorfläche in den zehn nutzungsstärksten EU-Mitgliedsstaaten (ausgenommen Malta und Zypern) im Jahr 2024 [214, 219].

Solarthermie

Die in der EU genutzte Kollektorfläche für Solarthermieanlagen lag im Jahr 2024 bei rund 59,6 Mio. m^2. Die größte Fläche an Solarthermie-Kollektoren befand sich dabei in Deutschland (22,2 Mio. m^2), gefolgt von Griechenland (5,9 Mio. m^2) und Italien (5,2 Mio. m^2) (Abb. C.10). Einwohnerspezifisch erfolgte die größte Nutzung in Griechenland mit 0,56 m^2, in den Niederlanden mit 0,48 m^2 und in Dänemark mit 0,34 m^2 pro Einwohner. Die Fläche an Solarthermie-Kollektoren pro Einwohner in Deutschland betrug 0,27 m^2 [214, 219].

Die reine Kollektorfläche gilt jedoch nur als Richtwert für die erzeugte Wärmeenergie. Neben der Kollektorfläche sind aber auch technische Bedingungen wie die Ausrichtung der Kollektoren sowie die lokalen klimatischen Bedingungen wie die Sonnenscheinstunden und die durchschnittliche Strahlungsleistung wesentliche Einflussgrößen auf die erzeugte Wärmeenergie aus Solarthermieanlagen.

C.3 Verkehrssektor

Im Verkehrssektor haben die Mitgliedsstaaten der Europäischen Union (EU) die Vorgabe, entweder eine Reduktion der Treibhausgasemissionen gegenüber einer definierten fossilen Referenz um 14,5 % oder alternativ einen Mindestanteil von 29 % erneuerbarer Energien am Endenergieverbrauch des gesamten Verkehrssektors bis zum Jahr 2030 zu erreichen. Die Erreichung dieser Ziele kann durch unterschiedliche Maßnahmen erfolgen, etwa durch die Nutzung erneuerbarer Kraftstoffe wie Biokraftstoffe und Strom aus erneuerbaren Energien [53].

Eine wesentliche Maßnahme zur Erreichung der EU-Zielvorgaben ist der Einsatz von Biokraftstoffen. Diese Biokraftstoffe werden meist als Mischkraftstoffe eingesetzt. Für Ethanol werden typischerweise 10 % Bioethanol zu konventionellem Benzin (E10) und für Biodiesel häufig 7 % (B7) bzw. 10 % (B10) beigemischt werden [220]. Biokraftstoffe wie HVO hingegen können fossilen Diesel auch zu 100 % substituieren (HVO100) oder über die bestehenden Beimischungsgrenzen hinaus genutzt werden. Neben der Beimischung von Biokraftstoffen trägt insbesondere die verstärkte Elektrifizierung des Verkehrssektors zur Steigerung des Anteils erneuerbarer Energien bei. Die dabei realisierte Minderung der Klimagasemissionen kann zum einen durch die Substitution fossiler Energieanteile im Strommix und zum anderen durch die Effizienzgewinne der Fahrzeuge bei der Elektrifizierung des Antriebsstrangs – im Vergleich zum Verbrennungsmotor – realisiert werden [220].

Im Jahr 2024 wurden im Verkehrssektor der EU insgesamt 3 104 TWh / 11 174 PJ Energie eingesetzt, wobei der Anteil erneuerbarer Energien mit 247 TWh / 889 PJ etwa 7,9 % betrug [213]. Die relevantesten erneuerbaren Energien stellen dabei 207 TWh / 746 PJ Biokraftstoffe und 33 TWh / 117 PJ Elektromobilität mit Strom aus regenerativen Energien dar [221]. Die Nutzung erneuerbarer Energien im Mobilitätssektor weist unter den Mitgliedsstaaten der EU erhebliche Unterschiede auf (Abb. C.11). Schweden (18,1 %), Finnland (16,0 %) und die Niederlande (13,2 %) erreichten im Jahr 2024 die höchsten Anteile an erneuerbaren Energien im Verkehrsbereich.

Im Gegensatz dazu verzeichneten Kroatien (0,6 %), Griechenland (3,1 %) und Estland (4,6 %) die geringsten Werte [213]. Deutschland zeigt als bevölkerungsstärkstes EU-Land mit 567 TWh / 2 042 PJ den größten absoluten Verbrauch an Kraftstoffen im Verkehrssektor innerhalb der EU. Mit 43 TWh / 154 PJ liegt der Anteil an erneuerbaren Energien bei 7,5 % und damit leicht unterhalb des EU-Durchschnitts (7,9 %) [213].

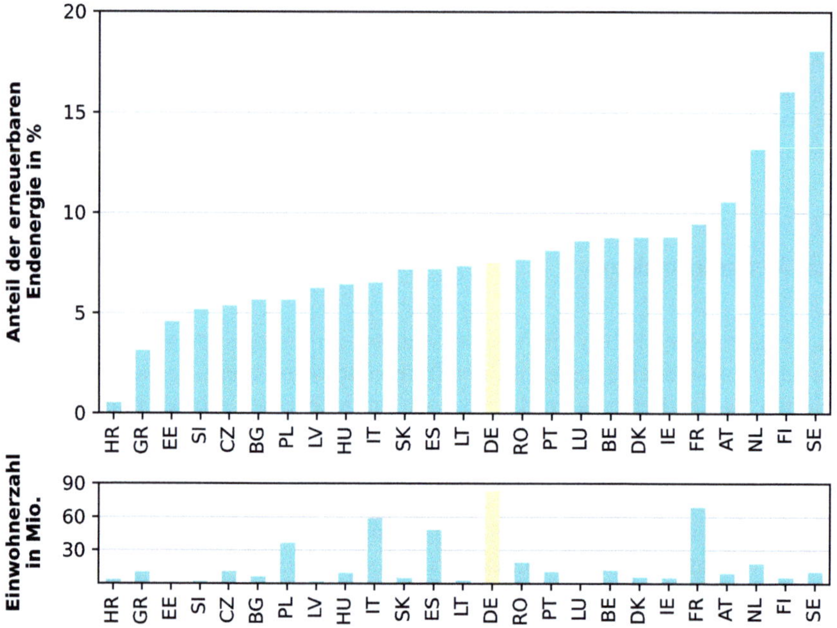

Abb. C.11 Anteil erneuerbarer Energien an dem Endenergieeinsatz im Mobilitätssektor und Bevölkerungszahl der EU-Mitgliedsstaaten (ausgenommen Malta und Zypern) im Jahr 2024 [213, 214].

Nachfolgend wird auf die Nutzung von Biokraftstoffen sowie auf den Einsatz von Elektrizität aus erneuerbaren Energien im Mobilitätssektor eingegangen. Dabei werden die zehn EU-Mitgliedsstaaten mit den höchsten absoluten Verbräuchen sowie diejenigen mit den höchsten Pro-Kopf-Werten dargestellt und analysiert.

Biokraftstoffe

Im Jahr 2024 lag der Energieeinsatz von Biokraftstoffen im Verkehrssektor der EU bei 207 TWh und stellte damit mit einem Anteil von 83,8 % den dominierenden Beitrag zur Nutzung erneuerbarer Energien in diesem Sektor dar. Zu den Biokraftstoffen im Jahr 2024 zählen insbesondere Biodiesel mit einem Anteil von 72,3 %, Bioethanol (21,7 %) und Biomethan (4,4 %) [221].

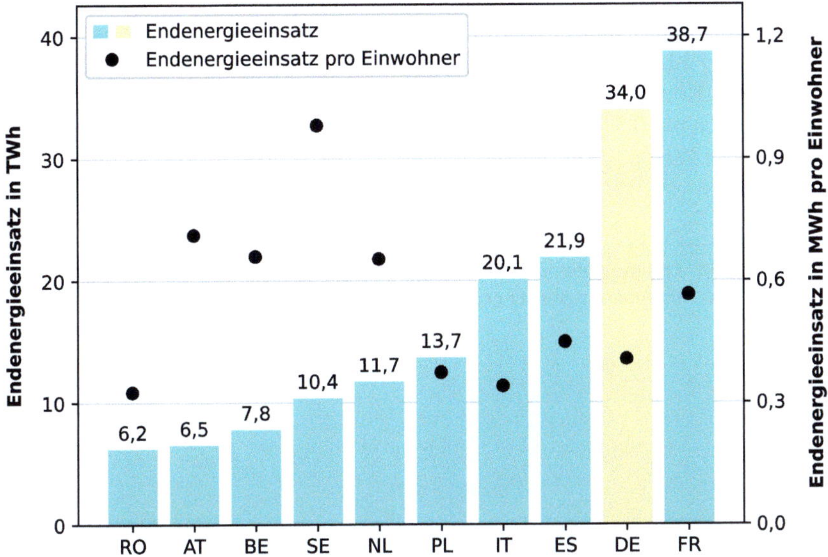

Abb. C.12 Endenergieeinsatz aus Biokraftstoffen im Mobilitätssektor in den zehn einsatzstärksten EU-Mitgliedsstaaten (ausgenommen Malta und Zypern) im Jahr 2024 [214, 221].

Bezüglich der absoluten Verbrauchswerte wies Frankreich im Jahr 2024 mit 38,7 TWh / 139,4 PJ den höchsten Energieeinsatz auf, gefolgt von Deutschland mit 34,0 TWh / 122,3 PJ und Spanien mit 21,9 TWh / 78,7 PJ (Abb. C.12). Auf Pro-Kopf-Basis erreichten Luxemburg mit 2,1 MWh pro Person sowie Finnland und Schweden mit jeweils 1,0 MWh die höchsten Verbrauchswerte. Der Verbrauch in Deutschland lag bei 0,4 MWh pro Person [214, 221].

Eine hohe Nutzung von Biokraftstoffen wird maßgeblich durch Förderprogramme und gesetzliche Vorgaben beeinflusst. Schweden und Finnland zählen zu den führenden Ländern bei der Nutzung von Biokraftstoffen. Zudem ist Finnland Vorreiter bei der Verwendung von hydriertem Pflanzenöl (HVO), einem erneuerbaren Dieselersatz, der vollständige kompatibel zu fossilem Dieselkraftstoff ist [222].

Luxemburg weist aufgrund einer hohen Dichte an Automobilen, einer signifikanten Anzahl an Grenzpendlern sowie intensiver Maßnahmen zur Förderung der Verkehrswende, wie beispielsweise dem kostenfreien öffentlichen Personennahverkehr, eine besonders intensive Verkehrsnutzung auf [223]. Diese Faktoren führen zu einem überdurchschnittlich hohen Kraftstoffverbrauch pro Kopf, der entsprechend in einem absolut erhöhten Verbrauch von Biokraftstoffen resultiert.

Elektromobilität

Der Einsatz von Elektrizität aus erneuerbaren Energien im Verkehrssektor der EU, einschließlich Straßen-, Schienen- und sonstiger Verkehrsarten, betrug im Jahr 2024 33 TWh / 117 PJ. Dies entsprach einem Anteil von 13 % an der gesamten Nutzung erneuerbarer Energien innerhalb dieses Sektors [213, 221]. Die höchste absolute Nutzung wurde in Deutschland mit 8,5 TWh / 30,5 PJ verzeichnet, gefolgt von Schweden mit 3,9 TWh / 14,0 PJ und Frankreich mit 3,5 TWh / 12,7 PJ (Abb. C.13). Betrachtet man den Pro-Kopf-Verbrauch, führt Schweden mit 0,4 MWh pro Einwohner, gefolgt von Österreich mit 0,3 MWh und Dänemark mit 0,2 MWh. In Deutschland lag er bei 0,1 MWh pro Person [214, 221].

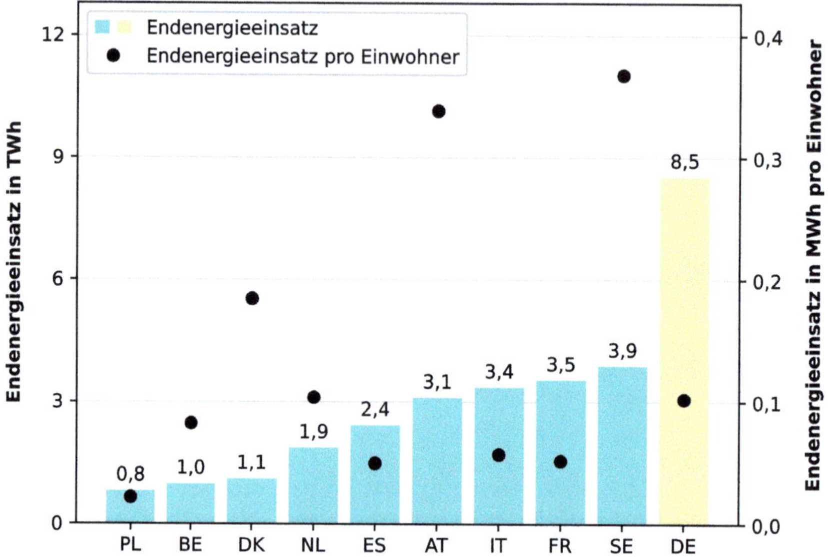

Abb. C.13 Endenergieeinsatz aus „grünen" Strom im Mobilitätssektor in den zehn einsatzstärksten EU-Mitgliedsstaaten (ausgenommen Malta und Zypern) im Jahr 2024 [214, 221].

Der Ausbau der Elektromobilität im Verkehrssektor wird maßgeblich durch ein Zusammenspiel verschiedener Einflussfaktoren determiniert. Von besonderer Bedeutung sind hierbei die politischen und regulatorischen Rahmenbedingungen, die klare, ambitionierte Zielsetzungen formulieren und durch gezielte Förderprogramme etablieren. Dies gilt für direkte finanzielle Anreize zur Senkung der Anschaffungskosten von Elektrofahrzeugen, welche die Nachfrage fördern. Weiterhin sind Programme für den Ausbau einer flächendeckenden Ladeinfrastruktur sowie der einfache Zugang zu verlässlichen Informationen über Ladeangebote entscheidend. Neben diesen institutionellen Faktoren beeinflussen auch soziale Präferenzen sowie die Innovations- und Anpassungsbereitschaft der Automobilindustrie die Verbreitung der Elektromobilität maßgeblich [224].

Literaturverzeichnis

[1] ENERGYCHARTS: *Jahresmittelwerte von Klimadaten.* https://www.energy
-charts.info/charts/climate_annual_average/chart.htm?l=de&
c=DE&source=air_color (Zugriff am: 10.02.2026). Version: 2026

[2] DEUTSCHER WETTERDIENST (DWD): *Wetter und Klima - Deutscher Wetterdienst - Presse - Klimapressekonferenz des Deutschen Wetterdienstes.*
https://www.dwd.de/DE/presse/pressemitteilungen/DE/202
4/20240326_pressemitteilung_klima_pk_news.html (Zugriff am:
14.02.2025). Version: 2024

[3] ENERGYCHARTS: *Monatsmittelwerte von Klimadaten.* https://www.ener
gy-charts.info/charts/climate_monthly_average/chart.htm?l=
de&c=DE&source=solar_globe&month=12&legendItems=10 (Zugriff
am: 10.02.2026). Version: 2026

[4] MERTENS, Konrad: Strahlungsangebot der Sonne. Version: August 2018.
http://dx.doi.org/10.3139/9783446456174.002. In: *Photovoltaik - Lehrbuch zu Grundlagen, Technologie und Praxis.* – DOI
10.3139/9783446456174.002. – ISBN 978–3–446–44863–6, 41–63

[5] KALTSCHMITT, Martin; ÖZDIRIK, Burcu; REIMERS, Britta; SCHLÜTER, Michael; SCHULZ, Detlef; SENS, Lucas: Stromerzeugung aus Windenergie.
Version: 2020. https://doi.org/10.1007/978-3-662-61190-6_6
(Zugriff am: 14.02.2025). In: KALTSCHMITT, Martin (Hrsg.); STREICHER,
Wolfgang (Hrsg.); WIESE, Andreas (Hrsg.): *Erneuerbare Energien: Systemtechnik · Wirtschaftlichkeit · Umweltaspekte.* – ISBN 978–3–662–61190–6,
461–582

[6] STATISTA: *Niederschlagsmenge in Deutschland bis 2026.* https://de.s
tatista.com/statistik/daten/studie/5573/umfrage/monatl
icher-niederschlag-in-deutschland/ (Zugriff am: 10.02.2026).
Version: 2026

[7] STATISTA: *Durchschnittstemperatur in Deutschland pro Monat 2026.* https:
//de.statista.com/statistik/daten/studie/5564/umfrage/mona
tliche-durchschnittstemperatur-in-deutschland/ (Zugriff am:
10.02.2026). Version: 2026

[8] PÖPPEL, Benedikt: Umsetzung der RED-III-Richtlinie. ZNER 2024 (2024), 479. `https://www.juris.de/jportal/nav/news-abstracts/jaktuell-zner-2024-6-004-479.jsp` (Zugriff am: 11.03.2025)

[9] SCHÜTTE; WINKLER: Aktuelle Entwicklungen im Bundesumweltrecht. ZUR 2024 (2024), S. 694

[10] BURBACH; SCHMÄLTER: Die Entflechtung des Ladesäulengeschäfts bei Netzbetreibern. RdE 2024 (2024), S. 457

[11] FRENZ: Energiewende – ein Zwischenstand nach drei Jahren Ampel. RdE 2025 (2025), S. 67

[12] KINDLER; HUSEMANN: Die Ampel-Bilanz beim Ausbau der Windenergienutzung an Land. KlimR 2025 (2025), S. 2

[13] BUNDESNETZAGENTUR (BNETZA): Genehmigung des Szenariorahmens 2025-2037/2045. Version: April 2025. `https://www.bundesnetzagentur.de/DE/Fachthemen/ElektrizitaetundGas/NEP/DL_Szenariorahmen/Genehm_SR_2025Strom.pdf?__blob=publicationFile&v=2` (Zugriff am: 12.03.2026)

[14] EUROPÄISCHES PARLAMENT UND RAT: *Art. 19d VO (EU) 2019/943, eingefügt durch VO (EU) 2024/1747.* 2019

[15] EUROPÄISCHER GERICHTSHOF (EUGH): *ENGIE Deutschland GmbH gegen Landesregulierungsbehörde beim Sächsischen Staatsministerium für Wirtschaft, Arbeit und Verkehr.* `https://eur-lex.europa.eu/legal-content/DE/TXT/?uri=CELEX:62023CJ0293` (Zugriff am: 21.03.2025). Version: November 2024

[16] BUNDESGERICHTSHOF (BGH): *BGH, 13.05.2025 - EnVR 83/20.* Mai 2025

[17] BUNDESMINISTERIUM FÜR VERKEHR (BMV): Masterplan Ladeinfrastruktur 2030 der Bundesregierung. (2025), November. `https://www.bmv.de/SharedDocs/DE/Anlage/K/masterplan-ladeinfrastruktur-2030.pdf?__blob=publicationFile` (Zugriff am: 12.03.2026)

[18] DEUTSCHER BUNDESTAG: *Drucksache 21/4083.* `https://dserver.bundestag.de/btd/21/040/2104083.pdf` (Zugriff am: 12.03.2026). Version: Februar 2026

[19] EUROPÄISCHEN UNION: *Art. 4 Abs. 1 VO (EU) 2023/2405 i.V.m. Annex II.* `http://data.europa.eu/eli/reg/2023/2405/oj` (Zugriff am: 12.03.2026). Version: Oktober 2023

[20] BUNDESMINISTERIUMS FÜR UMWELT, KLIMASCHUTZ, NATURSCHUTZ UND NUKLEARE SICHERHEIT (BMUKN): *Fragen und Antworten zur E-Auto-Förderung.* `https://www.bundesumweltministerium.de/WS7500` (Zugriff am: 12.03.2026). Version: Januar 2026

[21] AGORA ENERGIEWENDE: Die Energiewende in Deutschland: Stand der Dinge 2025. Version: Januar 2026. `https://www.agora-energiewende.de/publikationen/die-energiewende-in-deutschland-stand-der-dinge-2025`

[22] UMWELTBUNDESAMT (UBA): *Indikator: Primärenergieverbrauch.* `https://www.umweltbundesamt.de/daten/umweltindikatoren/indikator`

-primaerenergieverbrauch#die-wichtigsten-fakten (Zugriff am: 06.02.2026). Version: Dezember 2025

[23] AG ENERGIEBILANZEN E.V. (AGEB): *Energieverbrauch wird 2025 stagnieren - AG Energiebilanzen legt Jahresschätzung vor / Mehr Energie für Raumwärme.* https://ag-energiebilanzen.de/energieverbrauch-wird-2025-stagnieren/. Version: Dezember 2025

[24] STATISTISCHES BUNDESAMT (DESTATIS): Bevölkerung Deutschlands nimmt im Jahr 2025 um rund 100 000 Personen ab. Version: 2026. https://www.destatis.de/DE/Presse/Pressemitteilungen/2026/01/PD26_032_124.html (Zugriff am: 05.02.2026)

[25] AG ENERGIEBILANZEN E.V. (AGEB): *Anwendungsbilanzen zur Energiebilanz Deutschland.* Oktober 2025

[26] UMWELTBUNDESAMT (UBA): *Energiebedingte Emissionen von Klimagasen und Luftschadstoffen*

[27] THELEN, Connor; NOLTE, Hannah; KAISER, Markus; JÜRGENS, Patrick; MÜLLER, Paul; SENKPIEL, Charlotte; KOST, Christoph: *Wege zu einem klimaneutralen Energiesystem – Bundesländer im Transformationsprozess.* 2024

[28] UMWELTBUNDESAMT (UBA): *Primärenergieverbrauch.* https://www.umweltbundesamt.de/daten/energie/primaerenergieverbrauch#definition-und-einflussfaktoren (Zugriff am: 06.02.2026). Version: 2025

[29] UMWELTBUNDESAMT (UBA): *Treibhausgasminderungsziele Deutschlands.* https://www.umweltbundesamt.de/daten/klima/treibhausgasminderungsziele-deutschlands#internationale-vereinbarungen-weisen-den-weg. Version: April 2025

[30] ZDFHEUTE: *Deutschland droht sein Klimaziel 2030 zu verfehlen.* https://www.zdfheute.de/politik/umwelt-klimaschutz-emissionen-co2-sektorenziele-verkehr-100.html (Zugriff am: 25.02.2026). Version: 2025

[31] ENERGYCHARTS: *Installierte Leistung.* https://www.energy-charts.info/charts/installed_power/chart.htm?l=de&c=DE&year=2025 (Zugriff am: 24.02.2026)

[32] STATISTISCHES BUNDESAMT (DESTATIS): *Bruttostromerzeugung in Deutschland.* https://www.destatis.de/DE/Themen/Branchen-Unternehmen/Energie/Erzeugung/Tabellen/bruttostromerzeugung.html (Zugriff am: 26.02.2026)

[33] JOHANNES RODE; DANIEL RÖMER: *Wind- und Solarstrom ergänzen sich.* https://www.kfw.de/PDF/Download-Center/Konzernthemen/Research/PDF-Dokumente-Fokus-Volkswirtschaft/Fokus-2026/Fokus-Nr.-530-Januar-2026-Sonne-und-Wind.pdf (Zugriff am: 30.03.2026). Version: Januar 2026

[34] UMWELTBUNDESAMT (UBA): *Zeitreihen zur Entwicklung der erneuerbaren Energien in Deutschland unter Verwendung von Daten der Arbeitsgruppe Erneuerbare Energien-Statistik (AGEE-Stat).* https://www.umweltbundesamt.de/sites/default/files/medien/372/dokumente/zeitreih

en-zur-entwicklung-der-erneuerbaren-energien-in-deutschla
nd-pdf_uba_deu_0.pdf` (Zugriff am: 05.02.2025). Version: 2025

[35] AGORA ENERGIEWENDE: Die Energiewende in Deutschland: Stand der Dinge 2024. Rückblick auf die wesentlichen Entwicklungen sowie Ausblick auf 2025. / Agora Energiewende. Version: 2025. `https://www.agora-energ
iewende.de/publikationen/die-energiewende-in-deutschland
-stand-der-dinge-2024`

[36] BUNDESVERBAND DER ENERGIE- UND WASSERWIRTSCHAFT (BDEW): Jahresbericht: Die Energieversorgung 2025. Version: Dezember 2025. `https://
www.bdew.de/media/documents/Die_Energieversorgung_2025.pdf`

[37] BUNDESNETZAGENTUR (BNETZA): *Ausbau Erneuerbarer Energien 2025.* `https://www.bundesnetzagentur.de/SharedDocs/Pressemitt
eilungen/DE/2026/20260108_EEG.html` (Zugriff am: 25.02.2026). Version: Januar 2026

[38] FRAUNHOFER ISE: *Öffentliche Stromerzeugung 2025: Wind und Solar erstmals als Doppelspitze - Fraunhofer ISE.* `https://www.ise.fraunhofer
.de/de/presse-und-medien/presseinformationen/2026/oeffent
liche-stromerzeugung-2025-wind-und-solar-erstmals-als-dop
pelspitze.html` (Zugriff am: 24.02.2026). Version: Januar 2026

[39] BUNDESNETZAGENTUR (BNETZA): *Statistiken ausgewählter erneuerbarer Energieträger zur Stromerzeugung - Dezember 2024.* `https://www.bu
ndesnetzagentur.de/SharedDocs/Downloads/DE/Sachgebiete/Ene
rgie/Unternehmen_Institutionen/ErneuerbareEnergien/ZahlenD
atenInformationen/EEStatistikMaStR.pdf?__blob=publicationF
ile&v=28`. Version: Januar 2025

[40] MATTHIAS REICHMUTH; MARCEL EBERT: Mittelfristprognose zur deutschlandweiten Stromerzeugung aus EEG-Anlagen und der zu leistenden Zahlungen für die Kalenderjahre 2026 bis 2030 / Leipziger Institut für Energie GmbH

[41] INTERNATIONAL ENERGY AGENCY (IEA): Electricity 2026 - Analysis and forecast to 2030. Version: 2026. `https://iea.blob.core.windows.ne
t/assets/b73798cb-e452-42b9-9d8a-07542de7a041/Electricit
y_2026.pdf` (Zugriff am: 24.02.2026)

[42] UMWELTBUNDESAMT (UBA): *Zeitreihen zur Entwicklung der erneuerbaren Energien in Deutschland unter Verwendung von Daten der Arbeitsgruppe Erneuerbare Energien-Statistik (AGEE-Stat).* `https://www.umweltbund
esamt.de/dokument/zeitreihen-zur-entwicklung-der-erneuer
baren` (Zugriff am: 09.03.2026). Version: Februar 2026

[43] STATISTISCHES BUNDESAMT (DESTATIS): *Statistischer Bericht - Daten zur Energiepreisentwicklung - Dezember 2025.* `https://www.destatis.de/
DE/Themen/Wirtschaft/Preise/Publikationen/Energiepreise/st
atistischer-bericht-energiepreisentwicklung-5619001.html`. Version: Januar 2026

[44] STATISTISCHES BUNDESAMT (DESTATIS): Bruttoinlandsprodukt im Jahr 2025 um 0,2 % gewachsen. (2026), Januar. `https://www.destatis.de/DE/P
resse/Pressemitteilungen/2026/01/PD26_017_811.html`

[45] DIN DEUTSCHES INSTITUT FÜR NORMUNG E.V.: *Wärme- und feuchteschutztechnisches Verhalten von Gebäuden – Berechnung und Darstellung von Klimadaten – Teil 6: Akkumulierte Temperaturdifferenzen (Gradtage)*. Juni 2007

[46] BUNDESVERBAND DER ENERGIE- UND WASSERWIRTSCHAFT (BDEW): Die Energieversorgung 2024 - Jahresbericht / BDEW Bundesverband der Energie- und Wasserwirtschaft e.V.

[47] DEUTSCHER BUNDESTAG: *GEG - Gesetz zur Einsparung von Energie und zur Nutzung erneuerbarer Energien zur Wärme- und Kälteerzeugung in Gebäuden.* `https://www.gesetze-im-internet.de/geg/` (Zugriff am: 17.03.2025). Version: Januar 2024

[48] KOMPETENZZENTRUM KOMMUNALE WÄRMEWENDE: *Datensatz zum Status quo der Kommunalen Wärmeplanung.* `https://www.kww-halle.de/servic e/infothek/detail/datensatz-zum-status-quo-der-kommunale n-waermeplanung.` Version: 2025

[49] BUNDESMINISTERIUM FÜR WIRTSCHAFT UND ENERGIE (BMWE): Die freie Heizungswahl kommt – Eckpunkte des Gebäudemodernisierungsgesetzes. (2026), Februar. `https://www.bundeswirtschaftsministerium.de/ Redaktion/DE/Expose/Energie/gebaeudemodernisierungsgesetz. html`

[50] BUNDESVERBAND DES SCHORNSTEINFEGERHANDWERKS: Erhebungen des Schornsteinfegerhandwerks - 2024. Version: 2024. `https://www.scho rnsteinfeger.de/sites/default/files/downloads/erhebungen-2 024.pdf`

[51] BUNDESMINISTERIUM FÜR WIRTSCHAFT UND KLIMASCHUTZ (BMWK): *Mehr Tempo bei der Transformation der Wärmeversorgung.* `https://www.bm wk.de/Redaktion/DE/Downloads/Energie/0612-erklaerung-f ernwaeme-gipfel.pdf?__blob=publicationFile&v=8` (Zugriff am: 14.03.2025). Version: Dezember 2023

[52] BUNDESVERBAND DER ENERGIE- UND WASSERWIRTSCHAFT (BDEW): Wie heizt Deutschland 2023? - Aktualisierte BDEW-Studie zum Heizungs- markt auf Grundlage des aktuellen Zensus. Version: Dezember 2024. `https: //www.bdew.de/media/documents/BDEW_Heizungsmarkt_2023_ Zensus2022_BROSCH%C3%9CRE_Druckdatei_Final_1_8zcnCHX.pdf` (Zugriff am: 23.02.2026)

[53] EUROPÄISCHES PARLAMENT; RAT DER EUROPÄISCHEN UNION: *Richtlinie (EU) 2023/2413 des Europäischen Parlaments und des Rates vom 18. Oktober 2023 zur Änderung der Richtlinie (EU) 2018/2001, der Verordnung (EU) 2018/1999 und der Richtlinie 98/70/EG im Hinblick auf die Förderung von Energie aus erneuerbaren Quellen und zur Aufhebung der Richtlinie (EU) 2015/652 des Rates.* Oktober 2023

[54] EUROPÄISCHES PARLAMENT; RAT DER EUROPÄISCHEN UNION: *Richtlinie (EU) 2024/1275 des Europäischen Parlaments und des Rates vom 24. April 2024 über die Gesamtenergieeffizienz von Gebäuden.* April 2024

[55] BUNDESVERBAND ENERGIEEFFIZIENTE GEBÄUDEHÜLLE E.V.: *Sanierungsquote 2025: Talfahrt für energetische Gebäudesanierung geht weiter.* `https:`

//buveg.de/pressemeldungen/sanierungsquote-2025-talfa
hrt-fuer-energetische-gebaeudesanierung-geht-weiter/.
Version: Februar 2026

[56] LUDERER, Gunnar; BARTELS, Frederike; BROWN, Tom; AULICH, Clara; BEN-
KE, Falk; FLEITER, Tobias; FRANK, Fabio; GANAL, Helen; GEIS, Julian; GER-
HARDT, Norman; GNANN, Till; GUNNEMANN, Alyssa; HASSE, Robin; HERBST,
Andrea; HERKEL, Sebastian; HOPPE, Johanna; KOST, Christoph; KRAIL, Mi-
chael; LINDNER, Michael; NEUWIRTH, Marius; NOLTE, Hannah; PIETZCKER,
Robert; PLÖTZ, Patrick; REHFELDT, Matthias; SCHREYER, Felix; SEIBOLD, To-
ni; SENKPIEL, Charlotte; SÖRGEL, Dominika; SPETH, Daniel; STEFFEN, Bjarne;
VERPOORT, Philipp C.: Die Energiewende kosteneffizient gestalten: Szenarien
zur Klimaneutralität 2045 / Potsdam Institute for Climate Impact Research.
Version: März 2025. http://dx.doi.org/10.48485/PIK.2025.003

[57] DEUTSCHES INSTITUT FÜR WIRTSCHAFTSFORSCHUNG BERLIN E. V. (DIW BER-
LIN); DEUTSCHES ZENTRUM FÜR LUFT- UND RAUMFAHRT E. V. (DLR); BUN-
DESMINISTERIUM FÜR DIGITALES UND VERKEHR (BMDV) (Hrsg.): *Verkehr in
Zahlen 2025/2026.* 2026

[58] BUNDESAMT FÜR WIRTSCHAFT UND AUSFUHRKONTROLLE (BAFA): *Amtliche Mineralöldaten für die Bundesrepublik Deutschland - Monat: September
2025.* Eschborn, 2026

[59] GENERALZOLLDIREKTION: *Vorläufige statistische Angaben über die Erfüllung
der Treibhausgasquote - Quotenjahr 2024.* https://www.zoll.de/DE/F
achthemen/Steuern/Verbrauchsteuern/Treibhausgasquote-THG-Q
uote/Statistiken/statistiken_node.html. Version: 2025

[60] BUNDESANSTALT FÜR LANDWIRTSCHAFT UND ERNÄHRUNG (BLE): Erfah-
rungsbericht für das Jahr 2024. Biomassestrom-Nachhaltigkeitsverordnung,
Biokraftstoff- Nachhaltigkeitsverordnung / Bundeministerium für Landwirtschaft und Ernährung. Version: 2025. https://www.ble.de/SharedDoc
s/Downloads/DE/Klima-Energie/Nachhaltige-Biomasseherstellu
ng/Evaluationsbericht_2024.pdf?__blob=publicationFile&v=3

[61] KRAFTFAHRTBUNDESAMT (KBA): *Fahrzeugstatistik 2026.* https://www.kb
a.de/DE/Statistik/Fahrzeuge/Umwelt/umwelt_node.html (Zugriff
am: 11.03.2026). Version: 2026

[62] KRAFTFAHRTBUNDESAMT (KBA): *Bestand an Kraftfahrzeugen nach Umwelt-
Merkmalen 1. Januar 2025 (FZ 13).* https://www.kba.de/DE/Statisti
k/Produktkatalog/produkte/Fahrzeuge/fz13_b_uebersicht.html
?nn=864666 (Zugriff am: 11.03.2026). Version: 2025

[63] BUNDESNETZAGENTUR (BNETZA): *Marktstammdatenregister - Gesamtdaten-
auszug vom 01.01.2026.* https://download.marktstammdatenregist
er.de/Stichtag/Gesamtdatenexport_20250701_25.1.zip (Zugriff
am: 18.02.2026). Version: Januar 2026

[64] BUNDESNETZAGENTUR (BNETZA): *Zuschläge des Ausschreibungsverfahrens
EEG Wind für den Gebotstermin 01.02.2020.* https://www.bundesne
tzagentur.de/DE/Fachthemen/ElektrizitaetundGas/Ausschrei
bungen/_DL/Onshore/Zuschlagslisten/ListeZuschlaege0102_2

`020.xlsx?__blob=publicationFile&v=1` (Zugriff am: 19.02.2026).
Version: Februar 2020

[65] BUNDESNETZAGENTUR (BNETZA): *Zuschläge des Ausschreibungsverfahrens EEG Wind für den Gebotstermin 01.03.2020.* `https://www.bundesne tzagentur.de/DE/Fachthemen/ElektrizitaetundGas/Ausschrei bungen/_DL/Onshore/Zuschlagslisten/ListeZuschlaege0103_2 020.xlsx?__blob=publicationFile&v=1` (Zugriff am: 19.02.2026).
Version: September 2020

[66] BUNDESNETZAGENTUR (BNETZA): *Zuschläge des Ausschreibungsverfahrens EEG Wind für den Gebotstermin 01.06.2020.* `https://www.bundesne tzagentur.de/DE/Fachthemen/ElektrizitaetundGas/Ausschrei bungen/_DL/Onshore/Zuschlagslisten/ListeZuschlaege0106_2 020.xlsx?__blob=publicationFile&v=1` (Zugriff am: 19.02.2026).
Version: September 2020

[67] BUNDESNETZAGENTUR (BNETZA): *Zuschläge des Ausschreibungsverfahrens EEG Wind für den Gebotstermin 01.07.2020.* `https://www.bundesne tzagentur.de/DE/Fachthemen/ElektrizitaetundGas/Ausschrei bungen/_DL/Onshore/Zuschlagslisten/ListeZuschlaege0107_2 020.xlsx?__blob=publicationFile&v=1` (Zugriff am: 19.02.2026).
Version: September 2020

[68] BUNDESNETZAGENTUR (BNETZA): *Zuschläge des Ausschreibungsverfahrens EEG Wind für den Gebotstermin 01.09.2020.* `https://www.bundesne tzagentur.de/DE/Fachthemen/ElektrizitaetundGas/Ausschrei bungen/_DL/Onshore/Zuschlagslisten/ListeZuschlaege0109_2 020.xlsx?__blob=publicationFile&v=1` (Zugriff am: 19.02.2026).
Version: September 2020

[69] BUNDESNETZAGENTUR (BNETZA): *Zuschläge des Ausschreibungsverfahrens EEG Wind für den Gebotstermin 01.10.2020.* `https://www.bundesne tzagentur.de/DE/Fachthemen/ElektrizitaetundGas/Ausschrei bungen/_DL/Onshore/Zuschlagslisten/ListeZuschlaege0110_2 020.xlsx?__blob=publicationFile&v=1` (Zugriff am: 19.02.2026).
Version: Oktober 2020

[70] BUNDESNETZAGENTUR (BNETZA): *Zuschläge des Ausschreibungsverfahrens EEG Wind für den Gebotstermin 01.12.2020.* `https://www.bundesne tzagentur.de/DE/Fachthemen/ElektrizitaetundGas/Ausschrei bungen/_DL/Onshore/Zuschlagslisten/ListeZuschlaege0112_2 020.xlsx?__blob=publicationFile&v=1` (Zugriff am: 19.02.2026).
Version: Dezember 2020

[71] BUNDESNETZAGENTUR (BNETZA): *Zuschläge des Ausschreibungsverfahrens EEG Wind für den Gebotstermin 01.02.2021.* `https://www.bundesnetzag entur.de/DE/Fachthemen/ElektrizitaetundGas/Ausschreibungen /_DL/Onshore/Zuschlagslisten/ListeZuschlaege0102_2021.xlsx ?__blob=publicationFile&v=1` (Zugriff am: 19.02.2026). Version: April 2021

[72] BUNDESNETZAGENTUR (BNETZA): *Zuschläge des Ausschreibungsverfahrens EEG Wind für den Gebotstermin 01.05.2021.* https://www.bundesnetzag entur.de/DE/Fachthemen/ElektrizitaetundGas/Ausschreibungen /_DL/Onshore/Zuschlagslisten/ListeZuschlaege0105_2021.xlsx ?__blob=publicationFile&v=1 (Zugriff am: 19.02.2026). Version: Juni 2021

[73] BUNDESNETZAGENTUR (BNETZA): *Zuschläge des Ausschreibungsverfahrens EEG Wind für den Gebotstermin 01.09.2021.* https://www.bundesne tzagentur.de/DE/Fachthemen/ElektrizitaetundGas/Ausschrei bungen/_DL/Onshore/Zuschlagslisten/ListeZuschlaege0109_2 021.xlsx?__blob=publicationFile&v=1 (Zugriff am: 19.02.2026). Version: Oktober 2021

[74] BUNDESNETZAGENTUR (BNETZA): *Zuschläge des Ausschreibungsverfahrens EEG Wind für den Gebotstermin 01.02.2022.* https://www.bundesnetzag entur.de/DE/Fachthemen/ElektrizitaetundGas/Ausschreibungen /_DL/Onshore/Zuschlagslisten/ListeZuschlaege0102_2022.xlsx ?__blob=publicationFile&v=1 (Zugriff am: 19.02.2026). Version: März 2022

[75] BUNDESNETZAGENTUR (BNETZA): *Zuschläge des Ausschreibungsverfahrens EEG Wind für den Gebotstermin 01.05.2022.* https://www.bundesnetzag entur.de/DE/Fachthemen/ElektrizitaetundGas/Ausschreibungen /_DL/Onshore/Zuschlagslisten/ListeZuschlaege0105_2022.xlsx ?__blob=publicationFile&v=1 (Zugriff am: 19.02.2026). Version: Mai 2022

[76] BUNDESNETZAGENTUR (BNETZA): *Zuschläge des Ausschreibungsverfahrens EEG Wind für den Gebotstermin 01.09.2022.* https://www.bundesne tzagentur.de/DE/Fachthemen/ElektrizitaetundGas/Ausschrei bungen/_DL/Onshore/Zuschlagslisten/ListeZuschlaege0109_2 022.xlsx?__blob=publicationFile&v=1 (Zugriff am: 19.02.2026). Version: Oktober 2022

[77] BUNDESNETZAGENTUR (BNETZA): *Zuschläge des Ausschreibungsverfahrens EEG Wind für den Gebotstermin 01.12.2022.* https://www.bundesne tzagentur.de/DE/Fachthemen/ElektrizitaetundGas/Ausschrei bungen/_DL/Onshore/Zuschlagslisten/ListeZuschlaege0112_2 022.xlsx?__blob=publicationFile&v=1 (Zugriff am: 19.02.2026). Version: Dezember 2022

[78] BUNDESNETZAGENTUR (BNETZA): *Zuschläge des Ausschreibungsverfahrens EEG Wind für den Gebotstermin 01.02.2023.* https://www.bundesnetzag entur.de/DE/Fachthemen/ElektrizitaetundGas/Ausschreibungen /_DL/Onshore/Zuschlagslisten/ListeZuschlaege1022023.xlsx?_ _blob=publicationFile&v=1 (Zugriff am: 19.02.2026). Version: Februar 2023

[79] BUNDESNETZAGENTUR (BNETZA): *Zuschläge des Ausschreibungsverfahrens EEG Wind für den Gebotstermin 01.05.2023.* https://www.bundesnetz agentur.de/DE/Fachthemen/ElektrizitaetundGas/Ausschreibung

en/_DL/Onshore/Zuschlagslisten/ListeZuschlaege1052023.xlsx
?__blob=publicationFile&v=1 (Zugriff am: 19.02.2026). Version: Juni
2023

[80] BUNDESNETZAGENTUR (BNetzA): *Zuschläge des Ausschreibungsverfahrens
EEG Wind für den Gebotstermin 01.08.2023.* https://www.bundesne
tzagentur.de/DE/Fachthemen/ElektrizitaetundGas/Ausschr
eibungen/_DL/Onshore/Zuschlagslisten/ListeZuschlaege1082
023.xlsx?__blob=publicationFile&v=1 (Zugriff am: 19.02.2026).
Version: September 2023

[81] BUNDESNETZAGENTUR (BNetzA): *Zuschläge des Ausschreibungsverfahrens
EEG Wind für den Gebotstermin 01.11.2023.* https://www.bundesne
tzagentur.de/DE/Fachthemen/ElektrizitaetundGas/Ausschr
eibungen/_DL/Onshore/Zuschlagslisten/ListeZuschlaege1112
023.xlsx?__blob=publicationFile&v=2 (Zugriff am: 19.02.2026).
Version: Dezember 2023

[82] BUNDESNETZAGENTUR (BNetzA): *Zuschläge des Ausschreibungsverfahrens
EEG Wind für den Gebotstermin 01.02.2024.* https://www.bundesnetz
agentur.de/DE/Fachthemen/ElektrizitaetundGas/Ausschreibung
en/_DL/Onshore/Zuschlagslisten/ListeZuschlaege1022024.xlsx
?__blob=publicationFile&v=2 (Zugriff am: 19.02.2026). Version: März
2024

[83] BUNDESNETZAGENTUR (BNetzA): *Zuschläge des Ausschreibungsverfahrens
EEG Wind für den Gebotstermin 01.05.2024.* https://www.bundesnetz
agentur.de/DE/Fachthemen/ElektrizitaetundGas/Ausschreibung
en/_DL/Onshore/Zuschlagslisten/ListeZuschlaege1052024.xlsx
?__blob=publicationFile&v=2 (Zugriff am: 19.02.2026). Version: Juni
2024

[84] BUNDESNETZAGENTUR (BNetzA): *Zuschläge des Ausschreibungsverfahrens
EEG Wind für den Gebotstermin 01.08.2024.* https://www.bundesne
tzagentur.de/DE/Fachthemen/ElektrizitaetundGas/Ausschr
eibungen/_DL/Onshore/Zuschlagslisten/ListeZuschlaege1082
024.xlsx?__blob=publicationFile&v=3 (Zugriff am: 19.02.2026).
Version: September 2024

[85] BUNDESNETZAGENTUR (BNetzA): *Zuschläge des Ausschreibungsverfahrens
EEG Wind für den Gebotstermin 01.11.2024.* https://www.bundesne
tzagentur.de/DE/Fachthemen/ElektrizitaetundGas/Ausschr
eibungen/_DL/Onshore/Zuschlagslisten/ListeZuschlaege1112
024.xlsx?__blob=publicationFile&v=3 (Zugriff am: 19.02.2026).
Version: Dezember 2024

[86] BUNDESNETZAGENTUR (BNetzA): *Zuschläge des Ausschreibungsverfahrens
EEG Wind für den Gebotstermin 01.02.2025.* https://www.bundesnetz
agentur.de/DE/Fachthemen/ElektrizitaetundGas/Ausschreibung
en/_DL/Onshore/Zuschlagslisten/ListeZuschlaegeFeb2025.xlsx
?__blob=publicationFile&v=4 (Zugriff am: 19.02.2026). Version: März
2025

[87] BUNDESNETZAGENTUR (BNetzA): *Zuschläge des Ausschreibungsverfahrens EEG Wind für den Gebotstermin 01.05.2025.* `https://www.bundesnetz` `agentur.de/DE/Fachthemen/ElektrizitaetundGas/Ausschreibung` `en/_DL/Onshore/Zuschlagslisten/ListeZuschlaegeMai2025.xlsx` `?__blob=publicationFile&v=3` (Zugriff am: 19.02.2026). Version: Juli 2025

[88] BUNDESNETZAGENTUR (BNetzA): *Zuschläge des Ausschreibungsverfahrens EEG Wind für den Gebotstermin 01.08.2025.* `https://www.bundesne` `tzagentur.de/DE/Fachthemen/ElektrizitaetundGas/Ausschrei` `bungen/_DL/Onshore/Zuschlagslisten/ListeZuschlaegeAugust` `2025.xlsx?__blob=publicationFile&v=2` (Zugriff am: 19.02.2026). Version: September 2025

[89] BUNDESNETZAGENTUR (BNetzA): *Zuschläge des Ausschreibungsverfahrens EEG Wind für den Gebotstermin 01.11.2025.* `https://www.bundesnetzag` `entur.de/DE/Fachthemen/ElektrizitaetundGas/Ausschreibungen` `/_DL/Onshore/Zuschlagslisten/ListeZuschlaegeNov2025.xlsx?_` `_blob=publicationFile&v=3` (Zugriff am: 19.02.2026). Version: Januar 2026

[90] DEUTSCHE WINDGUARD GMBH: Status des Offshore-Windenergieausbaus in Deutschland - Jahr 2025. Version: Januar 2026. `https://www.windguar` `d.de/jahr-2025.html?file=files/cto_layout/img/unternehmen` `/windenergiestatistik/2025/Jahr/Status%20des%20Offshore-W` `indenergieausbaus_Jahr%202025.pdf`

[91] DEUTSCHER BUNDESTAG: *EEG 2023 - Gesetz für den Ausbau erneuerbarer Energien.* `https://www.gesetze-im-internet.de/eeg_2014/BJNR10` `6610014.html` (Zugriff am: 20.02.2025). Version: Mai 2023

[92] BUNDESNETZAGENTUR (BNetzA): *Marktstammdatenregister - Erweiterte Einheitenübersicht - Stromerzeugungseinheiten.* `https://www.marktstammda` `tenregister.de/MaStR/Einheit/Einheiten/ErweiterteOeffentli` `cheEinheitenuebersicht?filter=Energietr%C3%A4ger~eq~%2724` `97%27` (Zugriff am: 16.02.2026). Version: Februar 2026

[93] DEUTSCHE WINDGUARD GMBH: Status des Windenergieausbaus an Land in Deutschland im Jahr 2024. Version: Januar 2025. `https://www.windguar` `d.de/veroeffentlichungen.html?file=files/cto_layout/img/un` `ternehmen/veroeffentlichungen/2025/Status%20des%20Windener` `gieausbaus%20an%20Land_Jahr%202024.pdf` (Zugriff am: 27.03.2026)

[94] DEUTSCHE WINDGUARD GMBH: Status des Windenergieausbaus an Land in Deutschland im Jahr 2025. Version: Januar 2026. `https://www.windguar` `d.de/veroeffentlichungen.html?file=files/cto_layout/img/un` `ternehmen/veroeffentlichungen/2026/Status%20des%20Windener` `gieausbaus%20an%20Land_Jahr%202025.pdf` (Zugriff am: 16.02.2026)

[95] BUNDESNETZAGENTUR (BNetzA): *Volumen und Kosten gestiegen - Netzengpassmanagement in Q3/2025.* `https://www.smard.de/page/home` `/topic-article/444/219200/volumen-und-kosten-gestiegen.` Version: Januar 2026

[96] STATISTISCHES BUNDESAMT (DESTATIS): *Kreisfreie Städte und Landkreise nach Fläche, Bevölkerung und Bevölkerungsdichte am 31.12.2023.* `https://www.destatis.de/DE/Themen/Laender-Regionen/Regionales/Gemeindeverzeichnis/Administrativ/04-kreise.html` (Zugriff am: 24.02.2025). Version: Dezember 2024

[97] PROJECTTOGETHER GGMBH: *Monitor Wind an Land Deutschland.* `https://goal100.org/monitor/wind-an-land` (Zugriff am: 16.02.2026)

[98] BUNDESNETZAGENTUR (BNETZA): *Netzengpassmanagement in Q3/2025.* `https://www.smard.de/page/home/topic-article/444/219200/volumen-und-kosten-gestiegen` (Zugriff am: 02.03.2026). Version: Januar 2026

[99] KALTSCHMITT, Martin (Hrsg.); STREICHER, Wolfgang (Hrsg.); WIESE, Andreas (Hrsg.): *Erneuerbare Energien: Systemtechnik · Wirtschaftlichkeit · Umweltaspekte.* `http://dx.doi.org/10.1007/978-3-662-61190-6`. `http://dx.doi.org/10.1007/978-3-662-61190-6`. – ISBN 978–3–662–61189–0 978–3–662–61190–6

[100] BUNDESNETZAGENTUR (BNETZA): *Markstammdatenregister.* `https://www.marktstammdatenregister.de/MaStR/Einheit/Einheiten/OeffentlicheEinheitenuebersicht`. Version: 2026

[101] WIRTH, Harry: *Aktuelle Fakten zur Photovoltaik in Deutschland.* Januar 2026

[102] BUNDESMINISTERIUM FÜR WIRTSCHAFT UND KLIMASCHUTZ (BMWK): *Photovoltaik-Strategie: Handlungsfelder und Maßnahmen für einen beschleunigten Ausbau der Photovoltaik.* Mai 2023

[103] BUNDESNETZAGENTUR (BNETZA): *Archivierte EEG-Vergütungssätze.* `https://www.bundesnetzagentur.de/DE/Fachthemen/ElektrizitaetundGas/ErneuerbareEnergien/EEG_Foerderung/Archiv_VergSaetze/start.html`. Version: 2025

[104] BUNDESMINISTERIUM DER JUSTIZ (BMJ): *Gesetz über die Elektrizitäts- und Gasversorgung (EnWG).* `https://www.gesetze-im-internet.de/enwg_2005/` (Zugriff am: 13.03.2025)

[105] EUROSTAT: *Electricity prices for household consumers - bi-annual data (from 2007 onwards).* `http://dx.doi.org/10.2908/NRG_PC_204`. Version: 2026

[106] EUROSTAT: *Electricity prices for non-household consumers - bi-annual data (from 2007 onwards).* `http://dx.doi.org/10.2908/NRG_PC_205`. Version: 2026

[107] UMWELTBUNDESAMT (UBA): *Nutzung der Wasserkraft.* Version: 2023. `https://www.umweltbundesamt.de/themen/klima-energie/erneuerbare-energien/nutzung-der-wasserkraft` (Zugriff am: 05.02.2025)

[108] BURGER, Bruno; GANDHI, Leonhard: *Stromerzeugung in Deutschland im Jahr 2025.* `https://www.energy-charts.info/downloads/Stromerzeugung_2025.pdf`. Version: 2026

[109] PURR, Katja; GÜNTHER, Jens; LEHMANN, Harry; NUSS, Philip: Wege in eine ressourcenschonende Treibhausgasneutralität – RESCUE-Studie / Umweltbundesamt. Version: 2019. `https://www.umweltbundesamt.de/sites`

`/default/files/medien/1410/publikationen/rescue_studie_cc_` `36-2019_wege_in_eine_ressourcenschonende_treibhausgasneutr` `alitaet_auflage2_juni-2021.pdf` (Zugriff am: 05.02.2025)

[110] BUNDESNETZAGENTUR (BNETzA): *Marktstammdatenregister (MaStR): Statistische Auswertung der Bestandsanlagen für biogene Festbrennstoffe und Wärmeerzeuger.* 2026

[111] UMWELTBUNDESAMT (UBA): *Monatsbericht zur Entwicklung der erneuerbaren Stromerzeugung und Leistung in Deutschland - Stand: 13.01.2026.* `https:` `//www.umweltbundesamt.de/system/files/document/01-202` `6_AGEE-Stat_Monatsbericht_FINAL.pdf` (Zugriff am: 10.02.2026). Version: Januar 2026

[112] DEUTSCHE UNTERNEHMENSINITIATIVE ENERGIEEFFIZIENZ E. V. (DENEFF): *Kurzstudie: Prozesswärme in der Industrie – Potenziale biogener KWK zur Dekarbonisierung.* Berlin, 2026

[113] DENYSENKO, Velina; DANIEL-GROMKE, Jaqueline; BINDER, Pablo M.; FOIX, Laura: *Opportunities for the valorisation of CO2 extracted from biogas: Deliverable 4.1 Report with the current state, progress made up to date and future challenges of advanced technologies for efficient CO2 valorisation at multiple scales, from pilot to market scale, in the European Union.* EU, 2023

[114] STATISTISCHES BUNDESAMT (DESTATIS): *Stromeinspeisende Anlagen, Netto-nennleistung, Stromeinspeisung: Deutschland, Monate, Energieträger.* `http` `s://www-genesis.destatis.de/datenbank/online/table/43312-0` `001/search/s/U3Ryb21laW5zcGVpc2VuZGUlMjBBTmxhZ2Vu` (Zugriff am: 11.03.2026). Version: November 2026

[115] DEUTSCHES BIOMASSEFORSCHUNGSZENTRUM (DBFZ): *Substratauswertungen der Betreibeberfragung 2025 für das Bezugsjahr 2024.* 2025

[116] RENSBERG, Nadja; DENYSENKO, Velina; DANIEL-GROMKE, Jaqueline: *Biogaserzeugung und -nutzung in Deutschland: Report zum Anlagenbestand Biogas und Biomethan*

[117] DBFZ: *Datenbank Biomethan.* 2025

[118] DEUSTCHE ENERGIEAGENTUR (DENA): *ANALYSE: Branchenbarometer Biomethan 2025.* 2025

[119] DEUSTCHE ENERGIEAGENTUR (DENA): *Marktmonitoring Bioenergie 2023 – Datenerhebungen, Ein- schätzungen und Prognosen zu Entwicklungen, Chancen und Herausforderungen des Bioenergiemarktes.* 2023

[120] HOFFSTEDE, Uwe: Vorbereitung und Begleitung bei der Erstellung eines Erfahrungsberichts gemäß § 97 Erneuerbare-Energien-Gesetz Stromerzeugung aus Biomasse sowie Klär-, Deponie- und Grubengas. Version: 2023. `https://www.bmwk.de/Redaktion/DE/Downloads/E/erfahrungsber` `icht-biomkdg-230818.pdf?blob=publicationFile&v=2`

[121] BUNDERSMINISTERIUM FÜR ERNÄHRUNG UND LANDWIRTSCHAFT (BMEL): *Aktuelles - Biomasse-Paket: BMEL sichert Förderung für bestehende Biogasanlagen.* `https://www.bmel.de/SharedDocs/Meldungen/DE/Pr` `esse/2025/250203-biomasse-paket.html` (Zugriff am: 03.03.2025). Version: 2025

[122] FRAKTIONEN CDU/CSU UND SPD: *Eckpunkte zum neuen Gebäudemoderni-sierungsgesetz.* Februar 2026

[123] BUNDESVERBAND GEOTHERMIE: *Tiefe Geothermie.* `https://www.geothe` `rmie.de/geothermie/geothermische-technologien/tiefe-geoth` `ermie` (Zugriff am: 19.02.2025). Version: 2025

[124] GEOTHERMISCHES INFORMATIONSSYSTEM (GEOTIS): *Geothermal electricity generation.* `https://www.geotis.de/geotisapp/templates/powers` `umstatistic.php?bula=D` (Zugriff am: 19.02.2025). Version: 2025

[125] BUNDESVERBAND GEOTHERMIE: *Geothermie in Zahlen.* `https://www.` `geothermie.de/aktuelles/geothermie-in-zahlen` (Zugriff am: 19.02.2025). Version: 2025

[126] STATISTISCHES BUNDESAMT (DESTATIS): *Bruttostromerzeugung in Deutsch-land für 2019 bis 2025.* `https://www.destatis.de/DE/Themen/Branch` `en-Unternehmen/Energie/Erzeugung/Tabellen/bruttostromerzeu` `gung.html` (Zugriff am: 20.02.2026). Version: 2026

[127] BUNDESVERBAND GEOTHERMIE: *Tiefe Geothermie in Deutschland 2024.* `http` `s://www.geothermie.de/fileadmin/user_upload/Aktuelles/Geot` `hermie_in_Zahlen/BVG_Poster_Tiefe_Geothermie_2024_web.pdf` (Zugriff am: 17.01.2025). Version: Juni 2024

[128] BUNDESVERBAND GEOTHERMIE: *Tiefe Geothermie in Deutschland 2025.* `ht` `tps://www.geothermie.de/fileadmin/user_upload/Aktuelles/Ge` `othermie_in_Zahlen/BVG-TG-Poster-A1-cmyk-2025-01-29-digit` `al.pdf` (Zugriff am: 10.02.2026). Version: 2025

[129] BUNDESVERBAND DER ENERGIE- UND WASSERWIRTSCHAFT (BDEW): Die Energieversorgung 2025 - Jahresbericht / BDEW Bundesverband der Energie- und Wasserwirtschaft e.V.

[130] STATISTA: *Geothermie - Deutschland | Statista Marktprognose.* `http://fr` `ontend.xmo.prod.aws.statista.com/outlook/io/energie/erne` `uerbare-energie/geothermie/deutschland?currency=EUR` (Zugriff am: 20.02.2025). Version: 2025

[131] BUNDESMINISTERIUM FÜR WIRTSCHAFT UND KLIMASCHUTZ (BMWK) UND BUNDESMINISTERIUM FÜR ERNÄHRUNG UND LANDWIRTSCHAFT (BMEL): *Nationale Biomassestrategie (NABIS). Gemeinsames Strategiepapier der Bundesministerien.* 2024

[132] LAUF, Thomas; MEMMLER, Michael; SCHNEIDER, Sven: Emissionsbilanz er-neuerbarer Energieträger 2024 / Umweltbundesamt. Version: 2026. `http:` `//dx.doi.org/10.60810/OPENUMWELT-8243.` – 171 S

[133] UMWELTBUNDESAMT (UBA): *Umgebungswärme und Wärmepumpen.* `https:` `//www.umweltbundesamt.de/themen/klima-energie/erneuerbare` `-energien/umgebungswaerme-waermepumpen` (Zugriff am: 02.02.2026). Version: Juli 2025

[134] BUNDESVERBAND WÄRMEPUMPE E.V.: *Absatzzahlen für Wärmepumpen in Deutschland 2025.* `https://www.waermepumpe.de/fileadmin/user_` `upload/W%C3%A4rmepumpen-Absatz_Tabelle_2025.png` (Zugriff am: 02.02.2026). Version: 2025

[135] BUNDESVERBAND WÄRMEPUMPE E.V.: *Branchenstudie 2025: Marktentwick-lung, Prognosen & Handlungsempfehlungen.* `https://www.waermepu mpe.de/fileadmin/user_upload/waermepumpe/07_Publikatio nen/Sonstige/Branchenstudie_2025.pdf` (Zugriff am: 03.02.2025). Version: 2025

[136] BUNDESVERBAND WÄRMEPUMPE E.V.: *Absatzentwicklung Wärmepumpen in Deutschland 2005-2024.* `https://www.waermepumpe.de/fileadmin /user_upload/Diagramm_Absatz_WP_2005-2024.png` (Zugriff am: 03.02.2025). Version: 2024

[137] BUNDESVERBAND WÄRMEPUMPE E.V.: *Wärmepumpen: Markt geht auf 193.000 Geräte zurück, aber Vertrauen in die Förderung steigt.* `https: //www.waermepumpe.de/presse/news/details/waermepumpen-mar kt-geht-auf-193000-geraete-zurueck-aber-vertrauen-in-die -foerderung-steigt/` (Zugriff am: 03.02.2025). Version: Januar 2025

[138] ZDFHEUTE: *Heizungswende: Wärmepumpen-Absatz bricht nach Rekordjahr ein.* `https://www.zdf.de/nachrichten/wirtschaft/waermepu mpe-absatz-heizung-gesetz-100.html` (Zugriff am: 03.02.2025). Version: Juli 2024

[139] STATISTA: *Wärmeerzeuger - Marktstruktur in Deutschland bis 2024.* `https: //de.statista.com/statistik/daten/studie/379029/umfrage/ absatz-von-waermeerzeugern-in-deutschland-nach-kategorie/` (Zugriff am: 03.02.2026). Version: 2025

[140] BUNDESREGIERUNG: *Mit Wärmepumpen Tempo machen für die Klimawende.* `https://www.bundesregierung.de/breg-de/aktuelles/kanzler-v iessmann-2070096` (Zugriff am: 03.02.2025). Version: November 2022

[141] BUNDESVERBAND WÄRMEPUMPE E.V.: *Über 50 Prozent im Plus: Wärmepumpen-Absatz steigt 2025 deutlich.* `https://www.waermepump e.de/presse/news/details/ueber-50-prozent-im-plus-waerm epumpen-absatz-steigt-2025-deutlich/` (Zugriff am: 03.02.2026). Version: 2026

[142] BUNDESVERBAND SOLARWIRTSCHAFT E. V.: *Marktdaten - Daten und Infos zur deutschen Solarbranche.* `https://www.solarwirtschaft.de/fuer-v erbraucher/marktdaten/` (Zugriff am: 16.02.2026)

[143] BUNDESVERBAND SOLARWIRTSCHAFT E. V.: *Statistische Zahlen der deutschen Solarwärmebranche (Solarthermie).* Berlin, Februar 2026

[144] TGA+E FACHPLANER: *Marktdaten - 2023: Absatz von Solarthermie-Anlagen um 44 % eingebrochen.* `https://www.tga-fachplaner.de/meldungen /marktdaten-2023-absatz-von-solar-thermie-anlagen-um-44-e in-ge-brochen` (Zugriff am: 04.02.2025). Version: Februar 2024

[145] BRACKE, Rolf; HUENGES, Ernst: Roadmap Tiefengeothermie für Deutsch-land. (2022). `http://dx.doi.org/10.24406/IEG-N-645792`. – DOI 10.24406/IEG–N–645792

[146] GEOTHERMISCHES INFORMATIONSSYSTEM (GEOTIS): *Statistiken zur Geother-mie.* `https://www.geotis.de/homepage/statistics` (Zugriff am: 10.02.2026). Version: 2026

[147] ARBEITSGRUPPE ERNEUERBARE ENERGIEN STATISTIK (AGEE STAT): Arbeitsgruppe Erneuerbare Energien Statistik (AGEE Stat) - Monatsbericht-PLUS

[148] DEUTSCHER BUNDESTAG: *Deutscher Bundestag - Bundestag stimmt Geothermie-Beschleunigungsgesetz zu.* `https://www.bundestag.de/dok` `umente/textarchiv/2025/kw49-de-geothermie-1128166` (Zugriff am: 10.02.2026)

[149] DÖGNITZ, NIELS; GÖRSCH, KATI; NAUMANN, KARIN: Politischer und rechtlicher Rahmen. Version: 2025. `http://dx.doi.org/10.48480/w11j` `-9w27`. In: *Erneuerbare Energien im Verkehr. Monitoringbericht.* – DOI 10.48480/w11j–9w27. – ISBN 978–3–949807–23–7, S. 33–53

[150] NAUMANN, Karin; ETZOLD, Hendrik; MÜLLER-LANGER, Franziska: Hintergrundpapier - Angepasste Szenarien zur THG-Quote bis 2045 im Kontext der aktuellen Entwürfe und Stellungnahmen zum Gesetz zur Weiterentwicklung der Treibhausgasminderungsquote sowie des Klimaschutzgesetzes / Deutsches Biomasseforschungszentrum. Version: Januar 2026. `https://www.dbfz.de/fileadmin/user_upload/Referenzen/State` `ments/Hintergrundpapier_Szenarien_RefE_2026.pdf`

[151] BUNDESAMT FÜR WIRTSCHAFT UND AUSFUHRKONTROLLE (BAFA): *Amtliche mineralöldaten Dezember 2024.* `https://www.bafa.de`. Version: 2025

[152] BUNDESVERBAND DER DEUTSCHENBIOETHANOLWIRTSCHAFT E. V. (BDBE): *Bioethanol Marktdaten Deutschland.* `https://www.bdbe.de/bioeth` `anol/marktdaten` (Zugriff am: 12.03.2026)

[153] NAUMANN, Karin; ETZOLD, Hendrik; MÜLLER-LANGER, Franziska: Szenarien zur THG-Quote im Kontext des Referentenentwurfs 2025 und des Klimaschutzgesetzes bis 2045 / Deutsches Biomasseforschungszentrum

[154] NAUMANN, KARIN; CYFFKA, KARL-FRIEDRICH; COSTA DE PAIVA, GABRIEL; NIEß, SELINA; NEULING, ULF; ZITSCHER, TJERK: Ressourcen und ihre Mobilisierung. In: *Erneuerbare Energien im Verkehr. Monitoringbericht*, S. 77–100

[155] KRAFTFAHRTBUNDESAMT (KBA): *Pressemitteilung 09/2026 - Der Fahrzeugbestand am 1. Januar 2026.* `https://www.kba.de/DE/Presse/Pressem` `itteilungen/Fahrzeugbestand/2026/pm09_fz_bestand_pm_komple` `tt.html?snn=827402` (Zugriff am: 11.03.2026). Version: 2026

[156] DEUTSCHES ZENTRUM FÜR LUFT- UND RAUMFAHRT (DLR): *Comparing operating costs: e-truck vs. diesel truck – Model calculation by the DLR Institute of Vehicle Concepts.* `https://www.dlr.de/en/media/publications/mag` `azines/all-digital-magazines/dlrmagazine-177/`. Version: 2025

[157] IEA: *Global EV Outlook 2025.* `https://www.iea.org/reports/global` `-ev-outlook-2025`. Version: 2025

[158] PLÖTZ, Patrick; LINK, Steffen: Reale Nutzung von Plug-in-Hybrid-Fahrzeugen in Europa: Ein 2022er Update

[159] BAUMANN, Uli; MOLLNER, Carina: *Porsche-Plan: 1.900 Stellen sollen gestrichen werden.* `https://www.auto-motor-und-sport.de/verkehr/po` `rsche-strategiewechsel-in-der-elektromobilitaet/` (Zugriff am: 11.03.2026). Version: Februar 2025

[160] SEYTHAL, Thomas; STEITZ, Christoph: Porsche EV roll-out delay deals 6 billion USD hit to parent Volkswagen. In: *Reuters* (2025), September. `https://www.reuters.com/business/retail-consumer/volkswagen-takes-6-billion-hit-due-porsche-restructuring-2025-09-19/` (Zugriff am: 11.03.2026)

[161] MCHUGH, David: *EU moves to ease 2035 ban on internal combustion cars as auto industry faces headwinds.* `https://apnews.com/article/eu-ban-combustion-engines-emissions-environment-d1432af14eaa73d6536f6018b27a25eb` (Zugriff am: 11.03.2026). Version: Dezember 2025

[162] EUROPEAN COMMISSION: *Automotive package - Mobility and Transport.* `https://transport.ec.europa.eu/transport-themes/action-plan-future-automotive-sector/automotive-package_en` (Zugriff am: 11.03.2026)

[163] ARTZ, Jens: *Elektrolyse-Monitor.* `https://www.wasserstoff-kompass.de/elektrolyse-monitor` (Zugriff am: 25.02.2025). Version: 2025

[164] H2.LIVE: *H2.LIVE: Wasserstofftankstellen in Deutschland & Europa.* `https://h2.live/` (Zugriff am: 25.02.2025). Version: 2025

[165] ZOLL: *Statistiken der Quotenerfüllung.* `https://www.zoll.de/DE/Fachthemen/Steuern/Verbrauchsteuern/Treibhausgasquote-THG-Quote/Statistiken/statistiken.html` (Zugriff am: 25.02.2025). Version: 2025

[166] KLIMASCHUTZ-PORTAL: *Meilenstein auf dem Weg zum CO2-neutralen Fliegen.* `https://www.klimaschutz-portal.aero/meldung/erste-anlage-zur-produktion-von-ptl-kerosin-im-emsland-eingeweiht/` (Zugriff am: 21.03.2025). Version: 2021

[167] SCHÄFER, Patrick: *Synthetische Kraftstoffe | HAW Hamburg eröffnet Pilotanlage für E-Fuels aus Abfallstoffen | springerprofessional.de.* `https://www.springerprofessional.de/synthetische-kraftstoffe/verbrennungsmotor/haw-hamburg-eroeffnet-pilotanlage-fuer-e-fuels-aus-abfallstoffen/25284190` (Zugriff am: 21.03.2025). Version: 2023

[168] DEUTSCHES ZENTRUM FÜR LUFT- UND RAUMFAHRT E. V. (DLR): *Baubeginn für Technologieplattform Power-to-Liquid-Kraftstoffe (TPP).* `https://www.dlr.de/de/aktuelles/nachrichten/2024/baubeginn-fuer-technologieplattform-power-to-liquid-kraftstoffe-tpp` (Zugriff am: 25.02.2025). Version: 2024

[169] INERATEC GMBH: *Spatenstich für E-Fuel Produktionsanlage in Frankfurt am Main | INERATEC.* `https://www.ineratec.de/de/news/spatenstich-fuer-e-fuel-produktionsanlage-frankfurt-am-main` (Zugriff am: 25.02.2025). Version: 2023

[170] INERATEC GMBH: *INERATEC produziert erstes e-Fuel an Pionieranlage in Frankfurt.* `https://www.ineratec.de/de/news/ineratec-produziert-erstes-e-fuel-pionieranlage-frankfurt` (Zugriff am: 02.02.2026). Version: Mai 2025

[171] BULLERDIEK, Nils; KALTSCHMITT, Martin; JUNGINGER, Martin: *Kerosinoptionen auf Basis regenerativer Energien im internationalen Luftverkehr: Identifikation, Analyse und Bewertung kosteneffizienter und klimazielkompatibler Integrationspfade* (Schriftenreihe technische Forschungsergebnisse Band 52). – ISBN 978–3–339–14072–2 978–3–339–14073–9

[172] JING, Liang; EL-HOUJEIRI, Hassan M.; MONFORT, Jean-Christophe; LITTLEFIELD, James; AL-QAHTANI, Amjaad; DIXIT, Yash; SPETH, Raymond L.; BRANDT, Adam R.; MASNADI, Mohammad S.; MACLEAN, Heather L.; PELTIER, William; GORDON, Deborah; BERGERSON, Joule A.: Understanding variability in petroleum jet fuel life cycle greenhouse gas emissions to inform aviation decarbonization. In: *Nature Communications* 13 (2022), Dezember, Nr. 1, 7853. `http://dx.doi.org/10.1038/s41467-022-35392-1`. – DOI 10.1038/s41467–022–35392–1. – ISSN 2041–1723

[173] INTERNATIONAL AIR TRANSPORT ASSOCIATION: Industry Statistics: Fact sheet

[174] EMBER: *Energy Institute - Statistical Review of World Energy (2025) – with major processing by Our World in Data.* Version: 2026. `https://archiv e.ourworldindata.org/20260203-171503/grapher/hydropower-g eneration.html`

[175] BOJEK, Piotr: *Hydropower.* `https://www.iea.org/energy-system/re newables/hydroelectricity` (Zugriff am: 06.02.2026)

[176] INTERNATIONAL RENEWABLE ENERGY AGENCY (IRENA): *Renewable Energy Statistics 2024.* – ISBN 978–92–9260–614–5

[177] INTERNATIONAL RENEWABLE ENERGY AGENCY (IRENA): *Renewable Energy Statistics 2025.* – ISBN 978–1–5231–6482–0

[178] REN21: *Renewables 2025 Global Status Report Collection.* `https://ww w.ren21.net/gsr-2025//gsr-2025/technologies/hydro-power/` (Zugriff am: 06.02.2026)

[179] XIE, Lei: *2025 World Hydropower Outlook* `https://www.hydropower.o rg/publications/2025-world-hydropower-outlook`

[180] NATIONAL ENERGY ADMINISTRATION OF CHINA (NEA): National Power Industry Statistics 2025 / National Energy Administration of the People's Republic of China. Version: Januar 2026. `https://www.nea.gov.cn`

[181] INTERNATIONAL ENERGY AGENCY (IEA): Renewables 2025: Analysis and forecasts to 2030. Version: Oktober 2025. `https://iea.blob.core.wi ndows.net/assets/48eccb83-984c-45d2-bf78-67a61e88d241/Re newables2025.pdf`. – ISBN 978–92–64–47780–3

[182] EMPRESA DE PESQUISA ENERGÉTICA (EPE): Balanço energético nacional 2025: Ano base 2024 [brazilian energy balance 2025: Base year 2024] / Ministério de Minas e Energia / Empresa de Pesquisa Energética. Version: 2025. `https: //www.epe.gov.br/en/publications/publications/brazilian-e nergy-balance-2025`

[183] U.S. ENERGY INFORMATION ADMINISTRATION (EIA): Short-Term Energy Outlook, December 2025 / U.S. Energy Information Administration. Version: Dezember 2025. `https://www.eia.gov/outlooks/steo/ archives/dec25.pdf`

[184] FRAUNHOFER-INSTITUT FÜR SOLARE ENERGIESYSTEME ISE: *Öffentliche Stromerzeugung 2025: Wind und Solar erstmals als Doppelspitze.* `https://www.ise.fraunhofer.de/de/presse-und-medien/presseinformationen/2026/oeffentliche-stromerzeugung-2025-wind-und-solar-erstmals-als-doppelspitze.html`. Version: Januar 2026

[185] INTERNATIONAL HYDROPOWER ASSOCIATION (IHA): 2025 world hydropower outlook / International Hydropower Association. Version: Juni 2025. `https://www.hydropower.org/publications/2025-world-hydropower-outlook`

[186] INTERNATIONAL RENEWABLE ENERGY AGENCY (IRENA); OUR WORLD IN DATA: *Total Wind Capacity.* Version: 2025. `https://ourworldindata.org/grapher/wind-energy-capacity`

[187] GLOBAL WIND ENERGY COUNCIL (GWEC): Global wind capacity expected to cross 2 TW by 2030, driving economic growth / Global Wind Energy Council. Version: Januar 2026. `https://www.gwec.net/news/global-wind-capacity-expected-to-cross-2-tw-by-2030-driving-economic-growth-gwec`

[188] EMBER; ENERGY INSTITUTE; OUR WORLD IN DATA: *Electricity Generation from Wind Power.* Version: 2026. `https://ourworldindata.org/grapher/electricity-wind`

[189] WIATROS-MOTYKA, Małgorzata; OTHERS: Global electricity mid-year insights 2025 / Ember. Version: Oktober 2025. `https://ember-energy.org/app/uploads/2025/10/Global-Electricity-Mid-Year-Insights-2025-PDF.pdf`

[190] WOOD MACKENZIE: *China leads global wind turbine manufacturers' market share in 2023 | Wood Mackenzie.* `https://www.woodmac.com/press-releases/2024-press-releases/global-wind-oem-marketshare/` (Zugriff am: 17.02.2025). Version: Mai 2024

[191] INTERNATIONAL RENEWABLE ENERGY AGENCY (IRENA); OUR WORLD IN DATA: *Total Solar Capacity.* Version: 2025. `https://ourworldindata.org/grapher/solar-energy-capacity`

[192] MASSON, Gaëtan; OTHERS: Snapshot of global PV markets 2025 / IEA Photovoltaic Power Systems Programme (IEA PVPS), Task 1. Version: April 2025. `https://iea-pvps.org/wp-content/uploads/2025/04/Snapshot-of-Global-PV-Markets_2025.pdf`

[193] MASSON, Gaëtan; OTHERS: Trends in photovoltaic applications 2025 / IEA Photovoltaic Power Systems Programme (IEA PVPS), Task 1. Version: Oktober 2025. `https://iea-pvps.org/wp-content/uploads/2025/10/IEA-PVPS_Trends_2025-.pdf`. – ISBN 978–1–7642902–3–4

[194] PRESS INFORMATION BUREAU (PIB), GOVERNMENT OF INDIA: *2025 marks highest-ever renewable energy expansion in india's energy transition journey.* `https://www.pib.gov.in/PressReleasePage.aspx?PRID=2209478`. Version: Dezember 2025

[195] EMBER; ENERGY INSTITUTE; OUR WORLD IN DATA: *Electricity Generation from Solar Power*. Version: 2026. `https://ourworldindata.org/graph er/electricity-solar`

[196] U.S. ENERGY INFORMATION ADMINISTRATION (EIA): Monthly Energy Review, March 2026 / U.S. Energy Information Administration, U.S. Department of Energy. Version: März 2026. `https://www.eia.gov/totalenergy/da ta/monthly/`

[197] PHILIPPS, Simon; WARMUTH, Werner: Photovoltaics Report / Fraunhofer ISE, PSE Projects GmbH. Version: Oktober 2025. `https://www.ise.fraunh ofer.de/content/dam/ise/de/documents/publications/studies/ Photovoltaics-Report.pdf`

[198] INTERNATIONAL ENERGY AGENCY (IEA): *Special Report on Solar PV Global Supply Chains*. `http://dx.doi.org/10.1787/9e8b0121-en`. `http: //dx.doi.org/10.1787/9e8b0121-en`. – ISBN 978–92–64–91059–1

[199] STATISTISCHES BUNDESAMT (DESTATIS): *87 % der importierten Photovoltaikanlagen kamen im Jahr 2022 aus China*. `https://www.destatis.de/ DE/Presse/Pressemitteilungen/2023/03/PD23_N012_43.html` (Zugriff am: 13.02.2025). Version: 2023

[200] INTERNATIONAL ENERGY AGENCY (IEA): *Energy Statistics Data Browser – Data Tools*. `https://www.iea.org/data-and-statistics/data-too ls/energy-statistics-data-browser` (Zugriff am: 12.03.2026)

[201] IHS MARKIT: *Food and Agricultural Commodities Economics. Product Balance*. 2026

[202] SCHRÖDER, JÖRG; GÖRSCH, KATI; NAUMANN, KARIN; COSTA DE PAIVA, GABRIEL: Marktkennzahlen. Version: 2025. `http://dx.doi.org/10.4848 0/w11j-9w27`. In: *Erneuerbare Energien im Verkehr. Monitoringbericht*. – DOI 10.48480/w11j–9w27. – ISBN 978–3–949807–23–7, S. 101–112

[203] *Directive (EU) 2018/2001 of the European Parliament and of the Council of 11 December 2018 on the promotion of the use of energy from renewable sources (recast) (Text with EEA relevance.)*. `http://data.europa.eu/e li/dir/2018/2001/oj` (Zugriff am: 24.03.2026). Version: Dezember 2018

[204] FNR: *FNR Faustzahlen*. `https://biogas.fnr.de/daten-und-fakten/ faustzahlen`. Version: März 2026

[205] BUNDESVERBAND DER DEUTSCHEN BIOETHANOLWIRTSCHAFT E. V. (BDBE): *Marktdaten 2024*. `https://www.bdbe.de/application/files/16 17/5135/9081/BDBe_Marktdaten_04_2025_RZ2.pdf` (Zugriff am: 12.03.2026). Version: April 2024

[206] IHS MARKIT: *Plants & Projects*. `https://connect.ihsmarkit.com/ag ribusiness/food-agricommodities-economics/plants-project s-database` (Zugriff am: 04.07.2024). Version: April 2024

[207] EUROPEAN BIOGAS ASSOCIATION (EBA): EBA Statistical Report 2023. Version: 2023. `https://www.europeanbiogas.eu/wp-content/u ploads/2023/12/EBA-Statistical-Report-2023-Excerpt.pdf` (Zugriff am: 30.03.2026)

[208] ZHENG, Lei; CHEN, Jingang; ZHAO, Mingyue; CHENG, Shikun; WANG, Li-Pang; MANG, Heinz-Peter; LI, Zifu: What Could China Give to and Take from Other Countries in Terms of the Development of the Biogas Industry? In: *Sustainability* 12 (2020), Februar, Nr. 4, 1490. `http://dx.doi.org/1 0.3390/su12041490`. – DOI 10.3390/su12041490. – ISSN 2071–1050

[209] DEUTSCHE GESELLSCHAFT FÜR INTERNATIONALE ZUSAMMENARBEIT (GIZ) GMBH: Energy Transition in China (2020): Advancing the biomethane industry development in China - German experiences on policies, markets and business models. `https://transition-china.org/energyposts/a dvancingthe-biomethane-industry-development-in-china-ger manexperiences-on-policies-markets-and-business-models-2/` (Zugriff am: 09.08.2024)

[210] ENTSO-E: *Statistical Factsheet 2024.* `https://eepublicdownloads.bl ob.core.windows.net/public-cdn-container/clean-documents /Publications/Statistics/Factsheet/entsoe_sfs2024_web.pdf` (Zugriff am: 18.02.2026). Version: März 2025

[211] EUROSTAT: *Share of energy from renewable sources.* `http://dx.doi.org /https://doi.org/10.2908/NRG_IND_REN.` Version: Februar 2026

[212] EUROSTAT: *Use of renewables for heating and cooling.* `http://dx.doi.o rg/https://doi.org/10.2908/NRG_IND_URHCD.` Version: Februar 2026

[213] EUROSTAT: *Use of renewables for transport.* `http://dx.doi.org/https: //doi.org/10.2908/NRG_IND_URTD.` Version: Februar 2026

[214] EUROSTAT: *Population on 1 January.* `http://dx.doi.org/https: //doi.org/10.2908/TPS00001.` Version: Oktober 2025

[215] AFEWERKI, Samson; STEEN, Markus: Gaining lead firm position in an emerging industry: A global production networks analysis of two Scandinavian energy firms in offshore wind power. In: *Competition & Change* 27 (2023), Juli, Nr. 3-4, 551–574. `http://dx.doi.org/10.1177/1024529422110 3072.` – DOI 10.1177/10245294221103072. – ISSN 1024–5294, 1477–2221

[216] EUROPEAN COMMISSION. DIRECTORATE GENERAL FOR ENERGY.; ÖKO INSTITUT.; FRAUNHOFER ISI.; TU WIEN.; E THINK.; HALMSTAD UNIVERSITY.: *Renewable heating and cooling pathways: towards full decarbonisation by 2050 : final report.* `https://data.europa.eu/doi/10.2833/036342` (Zugriff am: 23.03.2026)

[217] EUROBSERVER: *Solid Biofuels Barometer 2025.* `https://www.eurobser v-er.org/pdf/solid-biofuels-barometer-2025/?tmstv=1768250 544` (Zugriff am: 23.03.2026). Version: 2025

[218] EUROSTAT: *Heat pumps - ambient heat.* `http://dx.doi.org/https: //doi.org/10.2908/NRG_IND_HPIND.` Version: März 2026

[219] EUROBSERVER: *Solar thermal and concentrated solar power Barometer.* `https://www.eurobserv-er.org/pdf/solar-thermal-and-con centrated-solar-power-barometer-2025/?tmstv=1751354624` (Zugriff am: 23.03.2026). Version: Juli 2025

[220] ANSTETT, Philipp; BUBE, Stefan; KALTSCHMITT, Martin; LENZ, Volker; SCHULTHOFF, Michael; VOSS, Steffen: Erneuerbare Energien im Mobilitäts-

sektor. Version: 2025. `http://dx.doi.org/https://doi.org/10.1` `007/978-3-658-48194-0_5`. In: KALTSCHMITT, Martin (Hrsg.); LENZ, Volker (Hrsg.): *Erneuerbare Energien in Deutschland 2024: Stand und Perspektiven.* – DOI https://doi.org/10.1007/978–3–658–48194–0_5. – ISBN 978–3–658–48194–0, S. 67–77

[221] EurObservER: *Renewable Energy in Transport Barometer 2025.* `https:` `//www.eurobserv-er.org/pdf/res-in-transport-barometer-202` `5/?tmstv=1765179948` (Zugriff am: 21.03.2026). Version: November 2025

[222] SKJÆRSETH, Jon B.; EIKELAND, Per O.; INDERBERG, Tor H.: Biofuelling the energy transition in Nordic countries: explaining overachievement of EU renewable transport obligations. In: *International Environmental Agreements: Politics, Law and Economics* 22 (2022), Dezember, Nr. 4, 825–842. `http:` `//dx.doi.org/10.1007/s10784-022-09587-2`. – DOI 10.1007/s10784–022–09587–2. – ISSN 1567–9764, 1573–1553

[223] MACIEJEWSKA, Monika; BOUSSAUW, Kobe; KĘBŁOWSKI, Wojciech; VAN ACKER, Veronique: Assessing public transport loyalty in a car-dominated society: The case of Luxembourg. In: *Journal of Public Transportation* 25 (2023), 100061. `http://dx.doi.org/10.1016/j.jpubtr.2023.10006` `1`. – DOI 10.1016/j.jpubtr.2023.100061. – ISSN 1077291X

[224] KÜNLE, Eglantine; MINKE, Christine: Macro-environmental comparative analysis of e-mobility adoption pathways in France, Germany and Norway. In: *Transport Policy* 124 (2022), August, 160–174. `http://dx.doi.org/10.` `1016/j.tranpol.2020.08.019`. – DOI 10.1016/j.tranpol.2020.08.019. – ISSN 0967070X